本书受北京财贸职业学院"贯通基础教育学院（朝阳……）……基础教育阶段课程建设"项目资助，为该项目成果

高端技术技能人才贯通培养试验项目基础阶段教材

数 学

（基础模块）

第一册

张瑞亭　主编

知识产权出版社
全国百佳图书出版单位

图书在版编目（CIP）数据

数学：基础模块. 第一册 / 张瑞亭主编. —北京：知识产权出版社，2019.9
高端技术技能人才贯通培养试验项目基础阶段教材
ISBN 978-7-5130-6429-3

Ⅰ. ①数… Ⅱ. ①张… Ⅲ. ①数学课—职业教育—教材 Ⅳ. ① G634.601

中国版本图书馆 CIP 数据核字（2019）第 186398 号

内容提要

本书是高端技术技能人才贯通培养试验项目基础阶段教材，从学生基础出发，同时考虑后续高职、本科专业对数学的需求而编写的. 全书共分为 4 章，内容包括集合、不等式、函数、基本初等函数 (I). 本书强调概念和定理的直观描述和实际背景介绍，把数学和应用问题有机结合. 教材吸收近几年高端技术技能人才贯通培养项目教学研究与改革的最新成果，缩减复杂的理论推导，注重介绍数学思想和方法，探讨了数学在实际中的应用. 同时对现代数学进行梳理，向学生渗透现代数学思想. 全书注意保持理论的完整性和严谨性，注重应用. 书中穿插了许多数学小故事、小案例、相关的数学史和数学家的阅读材料，增加了教材的趣味性和可读性.

责任编辑：王　辉　　　　　**责任印制：孙婷婷**

高端技术技能人才贯通培养试验项目基础阶段教材：数学（基础模块）第一册

GAODUAN JISHU JINENG RENCAI GUANTONG PEIYANG SHIYAN XIANGMU JICHU JIEDUAN JIAOCAI:SHUXUE（JICHU MOKUAI）DI-YI CE

张瑞亭　主编

出版发行	知识产权出版社有限责任公司	网　　址	http://www.ipph.cn
电　　话	010-82004826		http://www.laichushu.com
社　　址	北京市海淀区气象路 50 号院	邮　　编	100081
责编电话	010-82000860 转 8381	责编邮箱	laichushu@cnipr.com
发行电话	010-82000860 转 8101	发行传真	010-82000893
印　　刷	北京九州迅驰传媒文化有限公司	经　　销	新华书店及相关销售网点
开　　本	720 mm × 1000 mm　1/16	总 印 张	9.75
版　　次	2019 年 9 月第 1 版	印　　次	2019 年 9 月第 1 次印刷
总 字 数	170 千字	定　　价	32.80 元
ISBN 978-7-5130-6429-3			

出版权所有　侵权必究
如有印装质量问题，本社负责调换.

编委会名单

编委会主任：李永生

编委会副主任：董雪梅　夏　飞

主　　　编：张瑞亭

参　　　编：（按姓氏笔画顺序）

韦天珍　王　培　王安娜　白玉冰　齐　敏

刘慧萍　刘　旭　李志鹏　张　冲　张少玲

胡小蕊　赵亚莉　屠宗萍　熊长芳

前　言

本书总的编写原则是：从高端技术技能人才贯通培养项目的实际出发，对接后续高职、本科阶段各专业的学习要求，兼顾数学课程的理论性与应用性，突出职业院校的特色，注重适当渗透现代数学思想，加强学生应用数学方法解决实际问题能力的培养，全面提升学生的数学核心素养，以适应新时代对高端技术技能人才的培养要求．

作为一本数学教材，虽然不可能有很多新奇的学术观点，但是可以引导学生创新思维、积极探索．本书的特色如下：

（1）本书吸收了近年来高端技术技能人才贯通培养项目教学研究与改革的最新成果，缩减复杂的理论推导，注重介绍数学思想和方法及其在专业学习中的若干应用，培养学生应用数学解决实际问题的能力．

（2）本书编写与后续各专业群相适应，强调概念和定理的直观描述和实际背景介绍，使之符合学生的认知规律，同时注重学生应用数学的意识，培养学生使用数学的能力．

（3）教材的始末穿插了许多数学小故事、小案例、相关的数学史和数学家的阅读材料，不仅增加了教材的趣味性和可读性，同时也培养学生勇于探索的精神．

（4）参与编写的人员都是高端技术技能人才贯通培养项目和高中教学的一线教师，经验丰富，编写的内容有很多地方体现了他们的教学体会和心得．

本书是北京财贸职业学院贯通数学教研室团队的成果与结晶．其中，第1章由韦天珍、王培编写，第2章由白玉冰、熊长芳编写，第3章由张瑞亭、张冲编写，第4章由齐敏、刘旭编写，全书由张瑞亭统稿定稿．

本书在编写过程中,参考了众多的国内外教材,并得到了北京财贸职业学院"贯通基础教育学院(朝阳校区)贯通项目基础教育阶段课程建设"项目资助,同时得到了北京财贸职业学院副校长李永生、北京财贸职业学院贯通基础教育学院院长董雪梅和副院长夏飞的大力支持,在此一并致谢!本书成于众人之手,彼此轩轾有别,错误和疏漏之处在所难免,恳请读者批评指正.

目 录

第一章 集 合 1
  1.1 集合的概念以及表示法 2
  1.2 集合之间的关系 11
  1.3 集合的运算 16
  1.4 常用逻辑用语 23
  1.5 充要条件 32

第二章 不等式 37
  2.1 不等式的基本性质 38
  2.2 区间 43
  2.3 一元二次不等式 48
  2.4 含绝对值的不等式 56

第三章 函 数 61
  3.1 函数的概念以及表示方法 62
  3.2 函数的单调性 75
  3.3 函数的奇偶性 83
  3.4 函数的应用实例 90

第四章 基本初等函数（Ⅰ） ······ 96
4.1 实数指数幂及运算性质 ······ 97
4.2 指数函数的图象与性质 ······ 107
4.3 对数的概念及运算 ······ 117
4.4 对数函数的图象与性质 ······ 125
4.5 幂函数 ······ 135

【学以致用】 ······ 141

参考文献 ······ 145

第一章　集　合

数学自古至今已经取得了极大的发展,在近现代的发展尤为迅速,已经形成了各种各样的分支.缤纷多彩的世界,众多繁杂的现象,需要我们去认识,将对象进行分类和归类,是解决复杂问题的手段之一.例如,垃圾分类,指按一定规定或标准将垃圾分类储存、分类投放和分类搬运,从而转变成公共资源的一系列活动的总称.分类的目的是提高垃圾的资源价值和经济价值,力争物尽其用.

古人云:"物以类聚,人以群分."这句话中渗透着集合的思想和方法,集合是学生在初中毕业后升入高端技术技能人才贯通培养项目基础阶段后必学的内容之一.如果把现代数学比喻成一座辉煌的大厦,那么集合论就是这座大厦的基石,在大厦的建筑过程中有着举足轻重的地位.任何纷繁复杂的理论体系都离不开一点一滴的积累,集合就是集合论的基本元素,是现代数学的一个基本对象,也是描述数学和自然现象的一个强有力的工具.

1.1 集合的概念以及表示法

学习目标

了解集合的概念；理解元素与集合之间的关系；了解空集、有限集和无限集的含义；掌握常用数集的表示符号，初步掌握列举法和描述法等集合的表示方法．

【知识链接】

对于集合 {1,2,3,4,5} 和集合 {1,2,3,4,5,6}，它们元素的个数是有限的，并且后面集合元素的个数比前面集合的多．意大利著名的科学家伽俐略在 1638 年提出这样的问题："全体自然数构成的集合与它们的平方数构成的集合，哪个多哪个少呢？"，由于这两个集合中元素的个数是数不清的，这个问题就归结为"无穷"问题，它难倒了同时代的以及 200 年之后的科学家．在这里我们需要提及的是：知名哲学家芝诺，约在公元前 400 年提出的两个悖论，即"二分法"悖论和"阿基里斯追龟"悖论，可能是与无穷相关的最早记录了．直到 1870 年，德国数学家康托在前人的基础上创立了现代集合论，揭开了"无穷"的真实面纱．他认为数学理论中肯定存在无穷，并非所有无穷的集合都有相同的大小．例如，实数比有理数多，无理数比有理数多．困扰数学家两千多年的无穷问题，终于被解决．如果把现代数学比喻成一座辉煌的大厦，那么集合论就是这座大厦的基石，有着举足轻重的地位．集合论的创始人康托尔也因此被誉为 20 世纪最具有影响力的数学家之一．

思考题

问题 1　集合在现代汉语中的解释是什么？初中涉及的集合有哪些，是如何描述的？

问题 2　怎么样才能构成数学意义下的集合？

问题 3　集合与元素是什么关系？元素与元素有什么关系？

集合有着很多不同的定义，从不同的角度可以给出不同的定义．例如，集合理论创始人康托尔称集合为一些确定的、不同的东西的全体，人们能意识到这些东西，并且能判断一个给定的东西是否属于这个总体．

1.1.1 集合的概念

观察几组对象：

（1）所有小于 5 的自然数；

（2）我国农历二十四节气；

（3）中国古代的四大发明；

（4）所有的安理会常任理事国；

（5）方程 $x^2-5x+6=0$ 的所有实数根；

（6）不等式 $x>3$ 的所有解；

（7）到一个角的两边距离相等的所有的点．

一般地，由一些确定的对象组成的整体叫作**集合**（set），简称为**集**，集合中的每个对象叫作这个集合的**元素**（element）．

在现代数学符号体系里，一般用大写字母 $A, B, C\cdots$ 表示集合，用小写的字母 $a, b, c\cdots$ 表示集合中的元素．

如果元素 x 是集合 A 中的一个元素，则称 x 属于 A，记作 $x\in A$．如果 x 不是集合 A 中的元素，则称 $x\notin A$．例如，"所有小于 5 的自然数" 可以组成一个集合，将其记为 A，那么集合 A 中的元素就是 0，1，2，3，4，则 $1\in A$，$6\notin A$．

集合的元素应具有以下特征：

（1）确定性：设 A 是一个给定的集合，x 是某一个具体对象，则 x 或者是 A 的元素，或者不是 A 的元素，两种情况必有一种且只有一种成立．

（2）互异性：一个给定集合中的元素，指属于这个集合的互不相同的个体（对象），因此，同一集合中不应重复出现同一元素．

（3）无序性：集合中的元素在排序上是没有顺序要求的．

例 1 下列对象能否组成集合？

（1）26 个英文字母的全体；

（2）较大的正整数；

（3）周长为 10 cm 的三角形；

（4）北京财贸职业学院高个子男生的全体；

（5）地球上的四大洋．

分析 一些对象是否能够组成集合，要看条件所指的对象是不是确定的，不能确定的对象不能组成集合．

解（1）"英文字母"这一条件是明确的，所以"26 个英文字母"是确定的对象，可以组成集合．

（2）因为"较大"这一条件不够明确，它指的对象不确定，所以不能组成集合．

（3）"周长为 10 cm"这一条件是明确的，所以"周长为 10 cm 的三角形"是确定的对象，可以组成集合．

（4）因为"高个子"这一条件不够明确，它指的对象不确定，所以不能组成集合．

（5）"地球上的四大洋"是确定的对象，所以可以组成集合．

例 1 的（1）、（5）中，集合中的元素个数分别为 26 个和 4 个，是有限数，称为**有限集**．（3）中，集合中的元素个数有无限多个，称为**无限集**．

还有一种集合，它不包含任何元素．例如，方程 $x^2+1=0$ 的实数解组成的集合，因为方程 $x^2+1=0$ 在实数范围内无解，因此这个集合中没有任何元素．这样的集合叫作**空集**，记作 $\varnothing$．

如果集合中的元素是数，那么这样的集合称为**数集**．在数学中，常用的数集有规定的记号：

全体自然数组成的集合，称为自然数集，记作 N．

全体正整数组成的集合，称为正整数集，记作 N^* 或 N_+．

全体整数组成的集合，称为整数集，记作 Z．

全体有理数数构成的集合，称为有理数集，记作 Q．

全体实数构成的集合，称为实数集，记作 R．

知识回顾

有理数：整数与分数的统称；

无理数：无限不循环小数；

实数：有理数和无理数的统称．

【巩固基础】

1. 下列说法正确的是（　　）．

A. 某个村子里的高个子组成一个集合

B. 所有比较小的正数组成一个集合

C. 集合 {1,2,3,4,5} 和 {5,4,3,2,1} 表示同一个集合

D. $\left\{1, 0.5, \dfrac{1}{2}, \dfrac{3}{2}, \dfrac{6}{4}, \sqrt{\dfrac{1}{4}}\right\}$ 为一个集合

2. 用符号"∈"或"∉"填空：

（1）设 A 为所有亚洲国家组成的集合，则：

中国_____A，美国_____A，印度_____A，英国_____A；

（2）设 B 表示所有质数组成的集合，则 2_____B，9_____B，13_____B，91_____B．

（3）-1_____N，$\sqrt{2}$_____Q，$\sqrt{2}$_____R，$\dfrac{2}{3}$_____Z．

3. 给出下列关系：

① $\dfrac{1}{2} \in \mathrm{R}$；② $\sqrt{2} \notin \mathrm{Q}$；③ $|-3| \notin \mathrm{N}_+$；④ $|-\sqrt{3}| \in \mathrm{Q}$．

其中正确的个数为（　　）．

A. 1 个　　　　B. 2 个　　　　C. 3 个　　　　D. 4 个

【能力提升】

4. 下列各组对象不能组成集合的是（　　）．

A. 大于 6 的所有整数　　　　B. 贯通数学的所有难题

C. 被 3 除余 2 的所有整数　　D. 函数 $y = \dfrac{1}{x}$ 图象上所有的点

5. 分别写出上述各集合中的元素，并指出哪些是有限集？哪些是无限集？哪些是空集？

（1）东北三省省会构成的集合；

（2）大于 -5 的负整数构成的集合；

（3）大于 0 且小于 1 中为 0.1 的整数倍的数构成的集合；

（4）能被 3 整除的自然数组成的集合；

（5）七大洲构成的集合；

（6）方程 $x^2+x+1=0$ 的实数解组成的集合；

（7）中国名山中的五岳．

1.1.2 集合的表示方法

对于一个给定的集合，我们怎样用数学的方法把它表示出来呢？一般来说，表示一个集合有列举法和描述法．

1. 列举法：把集合中的元素一一列举出来，并且用"{}"括起来，其中元素之间用逗号隔开．

例2 中国直辖市组成的集合 A 可以表示为

$A=\{$北京，上海，天津，重庆$\}$．

例3 小于5的正整数的集合 B 可以表示为 $B=\{1,2,3,4\}$．

☞ **注意**

对于含有较多元素的集合，用列举法表示时，必须把元素间的规律显示清楚后方能用省略号，例如，自然数集 N 用列举法表示为 $\{0,1,2,3,4,5\}$．

例4 用列举法表示下列集合：

（1）小于10的所有自然数组成的集合；

（2）由1到20以内的所有质数组成的集合；

（3）方程 $x^2=x$ 的所有实数根组成的集合；

（4）方程组 $\begin{cases} x+y=3 \\ 2x-y=0 \end{cases}$ 的解组成的集合．

分析 这四个集合中，（1）和（2）的元素可以直接列举出来；（3）和（4）的元素需要解方程（组）才能得到．

解（1）$\{0,1,2,3,4,5,6,7,8,9\}$；

（2）$\{2,3,5,7,11,13,17,19\}$；

（3）解方程 $x^2=x$ 得 $x_1=0$，$x_2=1$，故方程的解集为 $\{0,1\}$；

（4）解方程组 $\begin{cases} x+y=3 \\ 2x-y=0 \end{cases}$ 得 $x=1$，$y=2$，故方程组的解集为 $\{(1,2)\}$.

2.描述法：用元素共同特征表示集合 A，记作 $A=\{x|\text{共同特征}\}$，其中 x 代表集合 A 中的任一个元素.

注意

在应用描述法表示集合时，应特别注意集合的代表元素，例如，集合 $\{(1,2)\}$ 表示的元素为平面上一个点 $(1,2)$，而集合 $\{1,2\}$ 表示的元素为数字 $1,2$. 再如，$\{(x,y)|y=x^2-1\}$ 与 $\{y|y=x^2-1\}$ 不同.

例 5 奇数构成的集合 A 中，任意一个奇数都可以表示成 $x=2k+1$，其中 k 为整数的形式，用描述法可以记作 $A=\{x|x=2k+1,k\in\mathbb{Z}\}$.

例 6 用描述法表示下列集合：

（1）由大于 5 小于 14 的所有整数组成的集合；

（2）方程 $x^2-x-2=0$ 的所有实数根组成的集合；

（3）满足 $1<x\leqslant 2$ 的所有实数 x 组成的集合；

（4）平面直角坐标系中一元二次函数 $y=x^2$ 的图象上所有点组成的集合.

分析 用描述法表示集合，关键是找出集合中元素所具有的共同特征，根据共同特征的描述必须能判断任一对象是否属于这个集合.

解（1）由大于 5 小于 14 的所有整数组成的集合可以表示为
$$\{x\in\mathbb{Z}|5<x<14\}.$$

（2）方程 $x^2-x-2=0$ 的所有实数根组成的集合可以表示为
$$\{x\in\mathbb{R}|x^2-x-2=0\} \text{ 或 } \{x|x^2-x-2=0\}.$$

（3）满足 $1<x\leqslant 2$ 的所有实数 x 组成的集合可以表示为
$$\{x\in\mathbb{R}|1<x\leqslant 2\} \text{ 或 } \{x|1<x\leqslant 2\}.$$

（4）由于平面直角坐标系中的点都可以用坐标写成 (x,y) 的形式，其中 x 表示横坐标，y 表示纵坐标. 所以，平面直角坐标系中一元二次函数 $y=x^2$ 的图象上所有点组成的集合可以表示为 $\{(x,y)|y=x^2\}$.

☞ **注意**

列举法与描述法各有优点，应该根据具体问题确定采用哪种表示法．要注意，一般集合中元素较多或有无限个元素时，不宜采用列举法．特别地，用描述法表示集合时，如果从上下文关系来看，$x \in R$、$x \in Z$ 明确时可省略，例如，$\{x \mid x = 2k+1, k \in Z\}$，$\{x \mid x > 0\}$．

【巩固基础】

1．将以下集合用列举法表示出来：

（1）东北三省省会构成的集合；

（2）大于 -5 的负整数构成的集合；

（3）大于 0 且小于 1 中为 0.1 的整数倍的数构成的集合；

（4）能被 3 整除的自然数组成的集合；

（5）七大洲构成的集合；

（6）方程 $x^2 + x + 1 = 0$ 的实数解组成的集合；

（7）中国名山中的五岳．

2．将以下集合用描述法表示出来：

（1）小于 10 的所有非负整数的集合；

（2）非负偶数；

（3）能被 3 整除的自然数组成的集合；

（4）被 5 整除余 1 的自然数组成的集合；

（5）方程 $x^2 + x + 1 = 0$ 的实数解组成的集合．

3．下面四种说法：

① 10 以内的合数构成的集合是 $\{0,2,4,6,8,9\}$；

② 由 1,2,3 组成的集合可表示为 $\{1,2,3\}$ 或 $\{3,2,1\}$；

③ 方程 $x^2 - 2x + 1 = 0$ 的解集是 $\{1\}$；

④ $\varnothing$ 与 $\{0\}$ 表示同一个集合．

其中正确的个数为（　　）．

A.1 个　　　　　B.2 个　　　　　C.3 个　　　　　D.4 个

4. 已知集合 $A=\{x\,|\,x(x-1)=0\}$，那么下列结论正确的是（　　）.

A. $0\in A$ B. $1\notin A$ C. $-1\in A$ D. $0\notin A$

【能力提升】

5. 下列叙述正确的是（　　）.

A. 集合 $\{x\,|\,x<3,x\in\mathbf{N}\}$ 中只有两个元素

B. $\{x\,|\,x^2-2x+1=0\}=\{1\}$

C. 整数集可表示为 $\{\mathbf{Z}\}$

D. 有理数集表示为 $\{x\,|\,x$ 为有理数集$\}$

6. 下列集合表示同一集合的是（　　）.

A. $M=\{(3,2)\}$，$N=\{(2,3)\}$ B. $M=\{3,2\}$，$N=\{2,3\}$

C. $M=\{(x,y)\,|\,x+y=1\}$，$N=\{y\,|\,x+y=1\}$

D. $M=\{(1,2)\}$，$N=\{1,2\}$

7. 直线 $y=2x+1$ 与 y 轴的交点所组成的集合为（　　）.

A. $\{0,1\}$ B. $\{(0,1)\}$ C. $\left\{-\dfrac{1}{2},0\right\}$ D. $\left\{\left(-\dfrac{1}{2},0\right)\right\}$

8. 已知 $A=\{2,4,6\}$，若实数 $a\in A$ 时，$6-a\notin A$，则 $a=$_____.

9. 试分别用列举法和描述法表示下列集合：

（1）方程 $x^2-2=0$ 的所有实数根组成的集合；

（2）由大于 10 小于 20 的所有整数组成的集合；

（3）方程组 $\begin{cases}x+y=3\\x-y=-1\end{cases}$ 的解.

10. 集合 $A=\left\{x\,\middle|\,\dfrac{4}{x-3}\in\mathbf{Z},x\in\mathbf{N}\right\}$，则它的元素是_____.

阅读空间 1-1

"苹果、橘子和水果"

古时候，有一个小地主蛮横刁蛮，有一天他让仆人去买 1 公斤的水果．仆人买来 1 公斤的苹果，小地主刁蛮地说："我叫你去买水果，谁叫你买苹果了！"仆人无奈折回去，退去了苹果，换成了 1 公斤的橘子．小地主看见又高声呵斥："谁叫你买橘子了，我叫你买水果！"仆人被弄得丈二和尚摸不住头脑，他说："苹果、橘子不都是水果吗?

明明是拿我玩耍！"小地主得意地说："如果苹果是水果，橘子是水果，岂不是说苹果＝水果，橘子＝水果，那苹果是橘子！"

这里问题出在哪了呢？由于一个汉字可能有多个意思，其故事中的"是"就具有三个含义：

相等的意思．例如成语"一是一，二是二"，用来说明说话清清楚楚，毫不含糊；再如"北京是我国的首都"等等．相等的意思就是数学符号中的等于号"＝"．

属于的意思．例如"1是整数"；"$\sqrt{2}$是无理数"；"北京是中国的城市"等．这层含义就是集合中属于的意思．换句话说，1是整数中的一个元素；$\sqrt{2}$是无理数中的一个元素；北京是中国的城市中的一个元素．

包含的意思．例如整数是1、2、3等数，这层意义我们会在后面集合与集合之间的关系中学习到．

汉字"是"的三个意义导致故事中小地主和仆人逻辑的混乱，水果是一个集合，苹果和橘子都是集合水果中的元素．元素和集合的关系就是属于或不属于的关系，我们不可以用等于或不等于描述．那么，苹果∈{水果}，橘子∈{水果}，苹果和橘子都是水果中的元素，二者自然是不相等的，这样才符合集合元素中的互异性．

1.2 集合之间的关系

学习目标

理解集合之间包含与相等、子集与真子集的含义；掌握集合之间基本关系的符号表示．

【知识链接】

Venn 图（也叫韦恩图）是一种很直观的描述集合之间关系的形式，经常用平面上封闭曲线的内部区域代表集合，通过区域的相交和包含来分别表示集合的相交和包含的关系，并且可以通过阴影来表示集合之间的运算．Venn 图是英国逻辑学家约翰·韦恩在 1880 年发明使用的，这给我们研究集合间的关系带来了便利．

思考题

问题 1　集合与元素之间的关系是什么？

问题 2　如何描述两个集合之间的关系呢？

问题 3　Venn 图在集合中起到了怎样的作用？

一般来说，对于一个新的数学对象，很自然地会想到如何去衡量其属性，即"量"的概念．事实上，对于一个对象的描述，不仅存在着"量"（长度、大小及质量等），也存在着"关系"这一数学概念．对于集合我们可以研究其量的性质，比如集合元素的个数（card），也可以研究两个集合之间的关系，如包含等．

1. 包含关系

对于两个集合 A 和集合 B，如果集合 A 中的任何一个元素都是集合 B 中的元素，则称集合 A 是集合 B 的**子集**（subset），记作

$$A \subseteq B \text{ 或 } B \supseteq A,$$

读作"A 包含于 B"或"B 包含 A".

例如，$\{1,3,5\} \subseteq \{1,2,3,4,5,6\}$ 或 $\{1,2,3,4,5,6\} \supseteq \{1,3,5\}$.

如果集合 A 是集合 B 的子集，且集合 B 中至少有一个元素不属于集合 A，则称集合 A 是集合 B 的**真子集**（proper subset），记作

$$A \subsetneqq B \text{ 或 } B \supsetneqq A,$$

读作"A 真包含于 B"或"B 真包含 A".

如图 1-1 表示了集合 $A \subsetneqq B$ 的关系.

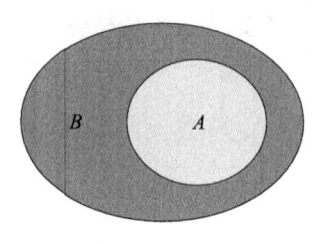

图 1-1

例如，自然数集 N 是整数集 Z 的真子集，即 $N \subsetneqq Z$.

我们规定：空集 $\varnothing$ 是任何集合的子集，是任何非空集合的真子集.

思考

1. 任何一个集合是它本身的子集吗？任何一个集合是它本身的真子集吗？试用符号表示结论.

2. 自然数集、正整数集、整数集、有理数集、实数集之间有怎样的包含关系？

例1 用符号"$\subseteq$""$\supseteq$""$\in$"或"$\notin$"填空：

（1）$\{a,b,c,d\}$_____$\{a,b\}$；　　（2）$\varnothing$_____$\{1,2,3\}$；

（3）N_____Q；　　　　　（4）0_____R；　　（5）d_____$\{a,b,c\}$；

（6）$\{x \mid 3 < x < 5\}$_____$\{x \mid 0 \leqslant x < 6\}$.

分析　"$\subseteq$"和"$\supseteq$"是用来表示集合与集合之间关系的符号，本题中的（1）、（2）、（3）、（6）研究的是集合与集合之间的关系；而"$\in$"和"$\notin$"是用来表示元素与集合之间关系的符号，本题中的（4）、（5）研究的是元素与集合之间的关系.

解（1）集合 $\{a,b\}$ 的元素都是集合 $\{a,b,c,d\}$ 的元素，因此 $\{a,b,c,d\} \supseteq \{a,b\}$；

（2）空集是任何集合的子集，因此 $\varnothing \subseteq \{1,2,3\}$；

（3）自然数都是有理数，因此 $N \subseteq Q$；

（4）0 是实数，因此 $0 \in R$；

（5）d 不是集合 $\{a,b,c\}$ 的元素，因此 $d \notin \{a,b,c\}$；

（6）集合 $\{x \mid 3 < x < 5\}$ 的元素都是集合 $\{x \mid 0 \leqslant x < 6\}$ 的元素，因此 $\{x \mid 3 < x < 5\} \subseteq \{x \mid 0 \leqslant x < 6\}$.

例 2 设集合 $M = \{0,1,2\}$，试写出 M 的所有子集，并指出其中的真子集．

分析 集合 M 中有 3 个元素，其子集可以是空集、含 1 个元素的集合、含 2 个元素的集合和含 3 个元素的集合．

解 M 的所有子集为 $\varnothing, \{0\}, \{1\}, \{2\}, \{0,1\}, \{0,2\}, \{1,2\}, \{0,1,2\}$.

除集合 M 外，其他集合都是集合 M 的真子集．

☞ **注意**

如果一个集合含有 n 个元素，那么它的子集有 2^n 个，真子集有 $2^n - 1$ 个．

2. 相等关系

对于两个集合 A 和集合 B，如果集合 A 与集合 B 互为子集，则称集合 A 与集合 B 相等，记作 $A = B$.

☞ **注意**

$A \subseteq B$ 有两种含义，一是 $A = B$，二是 $A \subsetneq B$.

例 3 判断集合 $A = \{x \mid |x| = 2\}$ 与集合 $B = \{x \mid x^2 - 4 = 0\}$ 的关系．

解 由 $|x| = 2$ 得 $x_1 = 2$，$x_2 = -2$，所以集合 A 用列举法表示为 $\{2,-2\}$；

由 $x^2 - 4 = 0$ 得 $x_1 = 2$，$x_2 = -2$，所以集合 B 用列举法表示为 $\{2,-2\}$；

可以看出，这两个集合的元素完全相同，故 $A = B$.

【巩固基础】

1. 下列各式中，正确的是（　　）．

A. $2\sqrt{3} \in \{x|x \leqslant 3\}$　　　　　　　　B. $2\sqrt{3} \notin \{x|x \leqslant 3\}$

C. $2\sqrt{3} \subseteq \{x|x \leqslant 3\}$　　　　　　　　D. $\{2\sqrt{3}\} \notin \{x|x \leqslant 3\}$

2. 对于集合 A，B，$A \subseteq B$ 不成立的含义是（　　）．

A. B 是 A 的子集　　　　　　　　B. A 中的元素都不是 B 的元素

C. A 中至少有一个元素不属于 B　　D. B 中至少有一个元素不属于 A

3. 设 $A=\{$正方形$\}$，$B=\{$平行四边形$\}$，$C=\{$四边形$\}$，$D=\{$矩形$\}$，$E=\{$多边形$\}$，则 A、B、C、D、E 之间的关系是_____．

4. 用适当的符号填空（$\notin, \in, \subsetneq, \supseteq, =$）：

a_____$\{b,a\}$；a_____$\{a,b\}$；$\{a,b,c\}$_____$\{a,b\}$；

$\{2,4\}$_____$\{2,3,4\}$；$\varnothing$_____$\{0\}$；$\varnothing$_____$\{a\}$．

【能力提升】

5. 指出下列各题中集合之间的关系：

（1）集合 $A=\{x|x^2-6x+8=0\}$ 与集合 $B=\{2,3,4,5\}$；

（2）集合 $A=\{x|2 \leqslant x \leqslant 6\}$ 与集合 $B=\{2,3,4,5,6\}$；

（3）集合 $A=\{x|2 \leqslant x \leqslant 6\}$ 与集合 $B=\{x|2 < x < 6\}$；

（4）集合 $A=\{x|x^2-3x-10=0\}$ 与集合 $B=\{-2,5\}$；

（5）集合 $A=\{x||x|=3\}$ 与集合 $B=\{x|x^2-9=0\}$；

（6）集合 $A=\{x|x=2k,k \in Z\}$ 与集合 $B=\{x|x=4k,k \in Z\}$；

（7）集合 $A=\{x|x=2k+1,k \in Z\}$ 与集合 $B=\{x|x=4k+3,k \in Z\}$．

阅读空间 1-2

集合论的创立使得数学顺利地度过了第二次危机，同时也促进了分析基础理论的完善．集合除了可以定义元素外，还可以用来定义形状．

康托尔集是以康托尔命名的一个集合，它是将一个线段分成一半，再将其中的一半分成一半，得到一半的一半，如此下去就得到了一个无穷的集合．将这样的思想从线段推广到平面上，其形成的造型就如下图所示，这是波兰数学家谢尔宾斯基发现的，我们称这样的造型为"谢尔宾斯基地毯"，它是通过不断的复制与自己相似的形状而形成的造型，这也是分形理论早期的例子之一．其中"谢尔宾斯基地毯"最突出的特点就是第四张图象在尺寸不大的情况下，弯弯曲曲实际的长度还是很长的！由于这一特点，我们手机内部接受无线波的天线的形状就是"谢尔宾斯基地毯"．

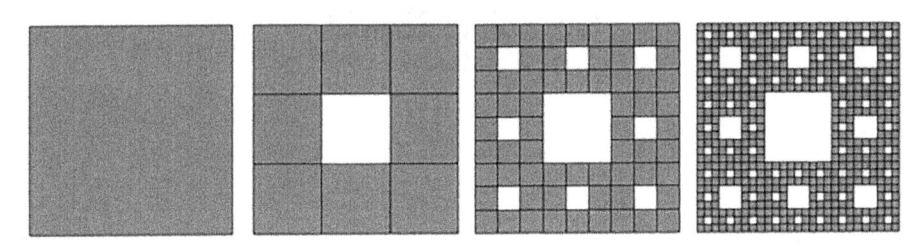

1.3 集合的运算

学习目标

理解两个集合的交集与并集的含义，能求两个集合的交集与并集；了解全集和补集的含义，能用 Venn 图表达集合的基本关系和运算．

【知识链接】

贯通基础阶段的数学翱翔班共有 20 人，英语翱翔班共有 30 人，那两个班级组合在一起，共有多少人？如果仅仅简单地用"1+1=2"的思想就不对了！将问题转化为集合并集的思想，那么问题就会清晰明了．例如集合 $A = \{1,2,3\}$，集合 $B = \{3,4,5\}$，那么根据集合元素的互异性和无序性，集合 A 和集合 B 组合在一起得一个新的集合 $\{1,2,3,4,5\}$．通过这个问题，我们发现根深蒂固的经典公式"1+1=2"在集合范畴中并不通用．这是因为"1+1=2"成立的条件是数域的范围．那么，这问题告诉我们看似毋庸置疑的事情当失去成立的条件时，"可能"也就变成了"不可能"．反过来，对于不可能的事情，当我们创造条件，那么"不可能"也就变成了"可能"！

思考题

问题 1　集合之间有"+""−"运算么？

问题 2　如何描述集合与集合间的交集、并集和补集？

问题 3　如何用 Venn 图表示集合之间运算的结果？

什么叫运算呢？ 7+19=26，7−19=−12，两个数之间的加法和减法运算得到的结果都是数．那两个集合之间的运算会怎样？前面一节介绍了集合之间的关系，是一种定性的描述，并没有给出确切的量化的计算．下面我们给出集合之间的运算法则以及一些简单的性质．

1.3.1 交集与并集

1. 交集

对于任意两个集合 A 和集合 B，其交集指的是由属于集合 A 且属于集合 B 的所有元素构成的集合，记作 $A\cap B$，其运算规则为：

$$A\cap B=\{x\in A\text{ 且 }x\in B\},$$

其 Venn 图表示如图 1-2 所示

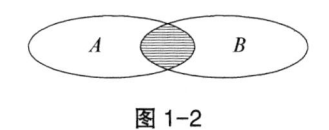

图 1-2

例 1 下列韦恩（Venn）图中，正确表示集合 $M=\{-1,0,1\}$ 和 $N=\{-1,0\}$ 关系的是（　　）．

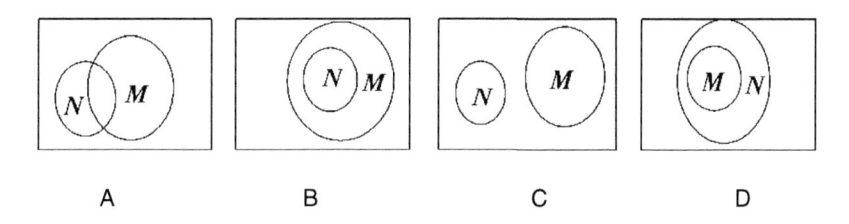

分析 由真子集的概念可知，集合 N 是集合 M 的真子集，即集合 N 包含于集合 M．

解 B.

例 2 集合 $P=\{x\in Z\,|\,0\leqslant x<3\}$，$M=\{x\in Z\,|\,x^2\leqslant 9\}$，则 $P\cap M=$（　　）．

A. $\{1,2\}$ 　　　　 B. $\{0,1,2\}$ 　　　　 C. $\{1,2,3\}$ 　　　　 D. $\{0,1,2,3\}$

分析 因为 $P=\{0,1,2\}$，$M=\{-3,-2,-1,0,1,2,3\}$，所以 $P\cap M=\{0,1,2\}$．

解 B.

交集的性质：由交集的定义可知，对任意的两个集合 A、B，有

（1）$A\cap B=B\cap A$；

（2）$A\cap A=A,A\cap\varnothing=\varnothing$；

（3）$A\cap B\subseteq A,A\cap B\subseteq B$．

对于任意两个集合 A 和集合 B，其并集指的是由所有属于集合 A 或集合 B 的元素构成的集合，记作 $A\cup B$，其运算规则为：

$$A \cup B = \{x \in A \text{ 或 } x \in B\},$$

其 Venn 图表示如图 1-3 所示

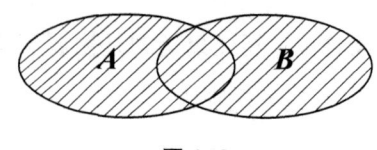

图 1-3

例 3 设 $A = \{1,2,3,4\}$, $B = \{0,2,4,6\}$, 求 $A \cup B$.

解 $A \cup B = \{1,2,3,4\} \cup \{0,2,4,6\} = \{0,1,2,3,4,6\}$.

例 4 设 $A = \{x \mid -1 < x < 2\}$, $B = \{x \mid 1 < x < 3\}$, 求 $A \cup B, A \cap B$.

分析 结合集合的表示法和并集、交集的含义，利用数轴将 A、B 分别表示出来，则阴影部分即为所求．用数轴表示描述法表示的数集．

解 将 $A = \{x \mid -1 < x < 2\}$ 及 $B = \{x \mid 1 < x < 3\}$ 在数轴上表示出来．如下图所示的阴影部分即为所求．

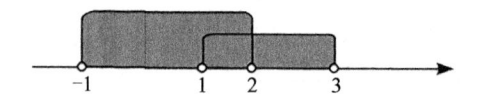

由图得：

$A \cup B = \{x \mid -1 < x < 2\} \cup \{x \mid 1 < x < 3\} = \{x \mid -1 < x < 3\}$;

$A \cap B = \{x \mid -1 < x < 2\} \cap \{x \mid 1 < x < 3\} = \{x \mid 1 < x < 2\}$.

并集的性质：由并集的定义可知，对任意的两个集合 A、B，有

（1）$A \cup B = B \cup A$;

（2）$A \cup A = A, A \cup \varnothing = A$;

（3）$A \subseteq A \cup B, B \subseteq A \cup B$.

【巩固基础】

1. 集合 $M = \{1,2,3\}$, $N = \{-1,5,6,7\}$, 则 $M \cup N$_____, $M \cap N$_____.

2. 设集合 $A = \{x \mid -1 \leqslant x \leqslant 2\}$, $B = \{x \mid 0 \leqslant x \leqslant 4\}$, 则 $A \cap B$ 等于（　　）.

A. $\{x \mid 0 \leqslant x \leqslant 2\}$ B. $\{x \mid -1 \leqslant x \leqslant 2\}$

C. $\{x \mid 0 \leqslant x \leqslant 4\}$ D. $\{x \mid -1 \leqslant x \leqslant 4\}$

3. 设 $A = \{x \mid 2x - 4 < 2\}$，$B = \{x \mid 2x - 4 > 0\}$，求 $A \cup B$，$A \cap B$.

4. 设 $A = \{3,5,6,8\}$，$B = \{4,5,7,8\}$.

（1）求 $A \cup B$，$A \cap B$.

（2）用适当的符号（⊇、⊆）填空：

$A \cap B$____A，B____$A \cap B$，$A \cup B$____A，$A \cup B$____B，$A \cap B$____$A \cup B$.

5. 已知集合 $A = \{x \mid (x-1)(x+2)=0\}$，$B = \{x \mid (x+2)(x-3)=0\}$，则集合 $A \cup B$ 是（　　）.

　　A. $\{-1,2,3\}$　　　B. $\{-1,-2,3\}$　　　C. $\{1,-2,3\}$　　　D. $\{1,-2,-3\}$

6. 已知集合 $A = \{-1,0,1\}$，$B = \{x \mid -1 \leqslant x < 1\}$，则 $A \cap B = $（　　）.

　　A. $\{0\}$　　　　　B. $\{-1,0\}$　　　　C. $\{0,1\}$　　　　D. $\{-1,0,1\}$

【能力提升】

7. 设集合 $A = \{1,2\}$，则满足 $A \cup B = \{1,2,3\}$ 的集合 B 的个数是（　　）.

　　A. 1　　　　　　　B. 3　　　　　　　　C. 4　　　　　　　　D. 8

8. 设 $A = \{x \mid 2x - 4 = 2\}$，$B = \{x \mid 2x - 4 = 0\}$，求 $A \cup B$，$A \cap B$.

9. 设 $A = \{(x,y) \mid 2x - y = 1\}$，$B = \{(x,y) \mid x + y = 2\}$，求 $A \cup B$，$A \cap B$.

10. 集合 $A = \{0,2,a\}$，$B = \{1,a^2\}$，若 $A \cup B = \{0,1,2,4,16\}$，则 a 的值为（　　）.

　　A. 0　　　　　　　B. 1　　　　　　　　C. 2　　　　　　　　D. 4

1.3.2 全集与补集

在研究某些集合时，这些集合常常是一个给定集合的子集，这个给定的集合叫作**全集**，一般用 U 来表示. 在研究数集时，经常把实数集 R 作为全集.

对于一个集合 A，由全集 U 中不属于集合 A 的元素构成的集合叫作**补集**，其运算规则为：

$$\complement_U A = \{x \in U \text{ 且 } x \notin A\}.$$

其 Venn 图如图 1-4 所示

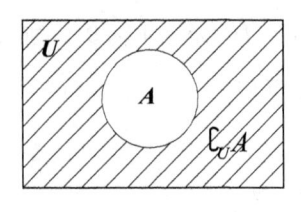

图 1-4

若全集为 U，$A \subseteq U$，则有关补集一些常见的性质有：

(1) $\complement_U U = \varnothing$；

(2) $\complement_U \varnothing = U$；

(3) $A \cup \complement_U A = U$；

(4) $A \cap \complement_U A = \varnothing$；

(5) $\complement_U (\complement_U A) = A$.

例 5 设全集 $U = \{x \mid x \text{ 是小于 9 的正整数}\}$，$A = \{1,2,3\}$，$B = \{3,4,5,6\}$，求 $\complement_U A$，$\complement_U B$.

分析 明确全集 U 中的元素，结合补集的定义，用列举法表示全集 U，依据补集的定义写出 $\complement_U A$，$\complement_U B$.

解 根据题意，可知 $U = \{1,2,3,4,5,6,7,8\}$，所以

$$\complement_U A = \{4,5,6,7,8\}；\complement_U B = \{1,2,7,8\}.$$

例 6 设集合 $U = \{1,2,3,4,5\}$，$A = \{1,2,4\}$，$B = \{2\}$，则 $A \cap (\complement_U B)$ 等于（　　）.

A. $\{1,2,3,4,5\}$　　　　B. $\{1,4\}$　　　　C. $\{1,2,4\}$　　　　D. $\{3,5\}$

分析 根据补集定义可求出 $\complement_U B = \{1,3,4,5\}$，而 $A = \{1,2,4\}$，所以

$$A \cap (\complement_U B) = \{1,2,4\} \cap \{1,3,4,5\} = \{1,4\}.$$

答案 B

例 7 设全集 $U = \mathbf{R}$，$A = \{x \mid x \geqslant 1\}$，$B = \{x \mid -1 < x < 2\}$，求 $\complement_U A$，$\complement_U B$，$(\complement_U A) \cap (\complement_U B)$.

分析 明确全集 U 中的元素，用描述法表示全集 U，依据补集的定义写出 $\complement_U A$，$\complement_U B$，进而求得 $(\complement_U A) \cap (\complement_U B)$.

解 根据题意，可知 $U = \mathbf{R}$，所以

$$\complement_U A = \{x \mid x < 1\}，\complement_U B = \{x \mid x \leqslant -1 \text{ 或 } x \geqslant 2\}，(\complement_U A) \cap (\complement_U B) = \{x \mid x \leqslant -1\}.$$

【巩固基础】

1. 设全集 $U=\{1,2,3,4,5\}$，集合 $A=\{1,2\}$，则集合 $\complement_U A=$（   ）.

   A. $\{1,2\}$　　　B. $\{3,4,5\}$　　　C. $\{1,2,3,4,5\}$　　　D. $\varnothing$

2. 设全集 $U=\{1,2,3,4,5,6,7\}$，$P=\{1,2,3,4,5\}$，$Q=\{3,4,5,6,7\}$，则 $P\cap(\complement_U Q)$ 等于（   ）.

   A. $\{1,2\}$　　　B. $\{3,4,5\}$　　　C. $\{1,2,6,7\}$　　　D. $\{1,2,3,4,5\}$

【能力提升】

3. 全集 $U=\{x\mid x\text{ 是三角形}\}$，$A=\{x\mid x\text{ 是锐角三角形}\}$，$B=\{x\mid x\text{ 是钝角三角形}\}$. 求 $A\cap B$，$\complement_U(A\cap B)$，$\complement_U(A\cup B)$.

4. 已知集合 $U=\{1,2,3,4,5,6,7\}$，$A=\{2,4,5,7\}$，$B=\{3,4,5\}$，则 $(\complement_U A)\cap(\complement_U B)$ 等于（   ）.

   A. $\{1,6\}$　　　B. $\{4,5\}$　　　C. $\{2,3,4,5,7\}$　　　D. $\{1,2,3,6,7\}$

5. 已知全集 $U=\mathbf{Z}$，集合 $A=\{0,1,3,4\}$，$B=\{-1,0,1,2\}$，则图中的阴影部分所表示的集合等于（   ）.

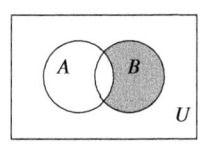

   A. $\{-1,2\}$　　　B. $\{-1,0\}$　　　C. $\{0,1\}$　　　D. $\{1,2\}$

6. 某班共30人，其中15人喜爱篮球运动，10人喜爱乒乓球运动，8人对这两项运动都不喜爱，则喜爱篮球运动但不喜爱乒乓球运动的人数为_____.

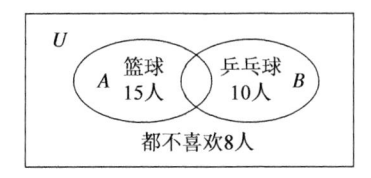

阅读空间 1-3

大学里总会有多个专业的学生一起上的大班课，为了了解哪些学生来了，哪些学生没有来，老师选了一个小助手让其在上课之前点名做好记录．由于大班课上课的学生特别多，到教室上课的人数总是比没到教室的人数多，小助手觉得点名很费劲，就想了个办法，大声说："没来上课的学生举手！"他说完后班上的学生哈哈大笑！

　　这个小助手想到的方法恰巧应了数学中的全集、子集和补集．"应该上课的学生"构成了全集，"实际上课的学生"构成了全集的子集，而"没到的学生"就是实到的学生在全集中的补集．小助手想的方法很好，只是他忽略了现实中没到学生是不可能举手的，所以闹出了笑话！

　　在我们的生活中存在着大量的补集思想，例如差2分钟8点整；直角三角形中互余的两个锐角；在做选择题时，我们可以采用逐一排除法，即补集的思想，提高正确率．

1.4 常用逻辑用语

学习目标

了解命题的概念；理解全称量词、存在量词和全称命题、存在性命题的概念；理解逻辑联结词"或""且""非"，掌握含有逻辑联结词的复合命题的构成.

【知识链接】

歌德是18世纪德国的一位著名文艺大师，一天，他与一位批评家"狭路相逢"，这位文艺批评家生性古怪，看到歌德走来，不仅没有相让，反而卖弄聪明，一边高傲地往前走，一边大声说道："我从来不给傻子让路！"面对如此尴尬的局面，只见歌德笑容可掬，谦恭地闪在一旁，一边有礼貌回答道："呵呵，我可恰恰相反"，结果故作聪明的批评家，反倒自讨没趣.

上述故事中歌德与批评家的言行语句涉及逻辑学中的基本知识.数学是思维的科学，逻辑是研究思维形式和规律的科学.逻辑用语是我们必不可少的工具，通过学习和使用常用逻辑用语，掌握常用逻辑用语的用法，纠正出现的逻辑错误，体会运用常用逻辑用语表述数学内容的准确性、简捷性.

思考题

问题1 初中学习阶段，命题是如何定义的？试举出两个命题的例子.

问题2 汉语中的"且""或""非"是什么意思？

1.4.1 命题与量词

下列语句的表述形式有什么特点？你能判断它们的真假吗？

（1）$12 > 7$；

（2）3是12的约数；

（3）0.5 是整数；

（4）对顶角相等；

（5）3 能被 2 整除；

（6）若 $x^2 = 1$，则 $x = 1$；

（7）明天是晴天吗？

（8）但愿每个方程都有实数根！

（9）函数的图象真漂亮！

一般地，用语言、符号或式子表达，可以判断真假的陈述句叫作**命题**．其中，判断为真的语句叫作**真命题**，判断为假的语句叫作**假命题**．疑问句、祈使句、感叹句都不能称为命题．一个命题一般用小写英文字母表示，如 $p, q, r, \cdots$

例如，以上（1）-（6）都是命题，其中（1）、（2）、（4）为真命题，（3）、（5）、（6）为假命题，（7）-（9）不是命题．

例 1 判断下面的语句是否为命题？如果是，判断其真假：

（1）空集是任何集合的子集；

（2）若整数 a 是素数，则 a 是奇数；

（3）整数是有理数吗？

（4）$\sqrt{(-2)^2} = 2$；

（5）$x > 15$；

（6）所有长方形都是矩形；

（7）存在三角形是锐角三角形．

分析 判断一个陈述句是否为命题就是看这个陈述句是否能够确定真假，不能既真又假、模棱两可．

解（1）是命题．根据空集和子集的定义可知，是真命题．

（2）是命题．2 既是素数又是偶数，所以是假命题．

（3）是疑问句，所以不是命题．

（4）是命题，$\sqrt{a^2} = |a|, (a \in R)$，所以是真命题．

（5）不是命题，不能判断其真假．

（6）是命题，长方形和正方形都是矩形，所以是真命题．

（7）是命题，三角形分为直角三角形、锐角三角形和钝角三角形，所以是真命题．

通过观察发现，（6）中含有短语"所有"，含有"所有""任何""一切"等在指定范围中表示所述事物的全体，逻辑中通常叫作**全称量词**，并用符号"∀"表示．含有全称量词的命题，叫作**全称命题**．一般地，设 $p(x)$ 是某集合 M 的所有元素都具有的性质，那么全称命题用符号简记为

$$\forall x \in M, p(x).$$

（7）中含有短语"存在"，含有"存在""有些""至少有一个"等在指定范围中表示所述事物的个体或部分，逻辑中通常叫作**存在量词**，并用符号"∃"表示．含有存在量词的命题，叫作**存在性命题**．一般地，设 $q(x)$ 是某集合 M 的某些元素 x 有的某种性质，那么存在性命题用符号简记为

$$\exists x \in M, q(x).$$

例 2 判断下列命题的真假：

（1）$\forall x \in Z, x^2 = 9$；

（2）$\forall n \in N, 2n$ 是偶数；

（3）$\exists x \in Q, x^2 = 5$；

（4）$\exists x \in R, x + 1 < 2$.

分析 对于全称命题，如果它是真命题，要验证集合 M 中任何一个元素 x 都具有性质 $p(x)$，如果它是假命题，只需举出 M 中的一个元素 x_0 使得 $p(x_0)$ 不成立即可．对于存在性命题，如果它是真命题，只要在集合 M 中找到一个 $x = x_0$ 使得 $p(x_0)$ 成立即可，否则它是假命题．

解（1）由于 $\exists 1 \in Z$，当 $x = 1$ 时，$1^2 = 1 \neq 9$，所以是假命题．

（2）由于 $2n$ 一定是 2 的倍数，是偶数，所以是真命题．

（3）当 $x^2 = 5$ 时，$x = \pm\sqrt{5}$，因为 $\pm\sqrt{5}$ 是无理数，所以是假命题．

（4）当 $x + 1 < 2$ 时，$x < 1$，所以是真命题．

【巩固基础】

1. 下列语句中为命题的是（　　）．

A. $m+n$　　　　　B. $0 \in N$　　　　　C. 函数与图象　　　　D. $2x > 3$

2. 下列语句中不是命题的有_____．

（1）有理数的平方是有理数吗？

（2）王明同学的素描多么精彩啊！

（3）若 x，y 都是奇数，则 $x+y$ 是偶数；

（4）请说普通话；

（5）$x^2 \geqslant 0, x \in \mathbb{R}$.

3. 下列语句中，是真命题的有_____.

（1）$2+3=7$；

（2）正方形是菱形；

（3）质数就是奇数；

（4）$y=x$ 的图象关于 y 轴对称.

4. 判定下列命题是全称命题还是存在性命题：

（1）一切分数都是有理数；

（2）长方形都是矩形；

（3）任何数乘以 0 都等于 0；

（4）一切四边形的内角和都等于 180°；

（5）偶数都是整数；

（6）末位是 0 的整数可以被 2 整除；

（7）有些整数只有两个正因数；

（8）存在 $x \in \mathbb{R}$，使得 $x^2+x-2<0$.

【能力提升】

5. 填"真"或"假"：

（1）"已知 $a, b \in \mathbb{R}$，若 $a>b$，则 $a^2>b^2$"是_____命题；

（2）"若 $x<-3$，则 $x^2+x-6 \leqslant 0$"是_____命题.

6. 判断下列命题的真假并说明原因：

（1）$\forall x \in \mathbb{R}, x^2+1 \geqslant 1$；

（2）任意无理数的平方也是无理数；

（3）$\forall x \in \mathbb{R}, x^2 \geqslant 0$；

（4）$\forall x \in \mathbb{N}, x^2 \geqslant 0$；

（5）有一个实数 x_0 使得 $x^2+2x-3=0$；

（6）$\exists x_0 \in Z, x^2 < 1$；

（7）$\exists x_0 \in Q, x_0^2 = 3$．

7. 为使下列命题 $q(x)$ 为真，求 x 的取值范围：

（1）$q(x): x + 2 \geqslant 3$；

（2）$q(x): x^2 + x - 6 \geqslant 0$．

1.4.2　逻辑联结词

生活中，我们经常使用逻辑联结词"或""且""非"，它们表达的意义有时不同．数学中可以用它们联结两个命题，构成一个新的命题．下面介绍含有"或""且""非"的命题．

设 p 和 q 表示两个命题，用逻辑联结词"或"将它们联结起来，构成一个新命题"p 或 q"，用符号简记为"$p \vee q$"．

设 p 和 q 表示两个命题，用逻辑联结词"且"将它们联结起来，构成一个新命题"p 且 q"，用符号简记为"$p \wedge q$"．

设 p 表示一个命题，对其进行全盘否定，得到一个新命题"非 p"，用符号简记为"$\neg p$"，其中，"非 p"也称作"p 的否定"．

不含逻辑联结词的命题叫作**简单命题**；由简单命题和逻辑联结词构成的命题叫作**复合命题**．

例 3　已知 p 和 q 是两个命题，用逻辑联结词"或"将它们联结起来，并判断它们的真假：

（1）$p: 4 > 2$，$q: 4 = 2$；

（2）$p: 4 > 4$，$q: 2 = 2$；

（3）$p: 4 < 2$，$q: 4 = 2$；

（4）$p:$ 12 是 2 的倍数，$q:$ 12 是 4 的倍数．

分析　p 和 q 是两个命题，它们构成了新命题"p 或 q"，则"p 或 q"也能判断真假．

解（1）"$4 > 2$"是真的，"$4 = 2$"是假的，所以"$p \vee q$"是真命题．

（2）"$4 > 4$"是假的，"$2 = 2$"是真的，所以"$p \vee q$"是真命题．

（3）"$4 < 2$"是假的，"$4 = 2$"是假的，所以"$p \vee q$"是假命题．

（4）"12 是 2 的倍数"是真的，"12 是 4 的倍数"是真的，所以"$p \vee q$"是真命题．

☞ **注意**

例3中分别给出了命题 p 和命题 q 构成的新命题"$p \vee q$"的所有情况，不难发现，当 p 和 q 这两个命题中有一个命题是真命题，那么"$p \vee q$"就是真命题.通常将如何判定"$p \vee q$"真假的几种情况总结为下表：

p	q	$p \vee q$
真	真	真
真	假	真
假	真	真
假	假	假

例4 已知 p 和 q 是两个命题，用逻辑联结词"且"将它们联结起来，并判断它们的真假：

（1）p：$\sqrt{3}$ 是偶数；q：$\sqrt{3}$ 是无理数；

（2）p：长方形是矩形；q：长方形是菱形；

（3）p：2 是偶数；q：3 是素数；

（4）p：1 是素数；q：$0 \in \varnothing$.

分析 p 和 q 是两个命题，它们构成了新命题"p 且 q"，则"p 且 q"也能判断真假.

解（1）"$\sqrt{3}$ 是偶数"是假的，"$\sqrt{3}$ 是无理数"是真的，所以"$p \wedge q$"是假命题.

（2）"长方形是矩形"是真的，"长方形是菱形"是假的，所以"$p \wedge q$"是假命题.

（3）"2 是偶数"是真的，"3 是素数"是真的，所以"$p \wedge q$"是真命题.

（4）"1 是素数"是假的，"$0 \in \varnothing$"是假的，所以"$p \wedge q$"是假命题.

☞ **注意**

例4中分别给出了命题 p 和命题 q 构成的新命题"$p \wedge q$"的所有情况，不难发现，当命题 p 和 q 这两个命题中有一个命题是假命题，那么"$p \wedge q$"就是假命题.通常将如何判定"$p \wedge q$"真假的几种情况总结为下表：

p	q	$p \wedge q$
真	真	真
真	假	假
假	真	假
假	假	假

例 5 已知 p 是命题，写出 p 的否定：

（1）空集是任意集合的子集；

（2）$5 < 2$；

（3）$\forall x \in R, x^2 + 1 = 0$；

（4）$\exists x, x^2 - 4 = 0$.

分析 简单命题的否定直接否定即可，如（1）（2），全称命题和存在性命题的否定则需要注意.

解（1）$\neg p$：空集不是任意集合的子集；

（2）$\neg p$：$5 \geqslant 2$；

（3）$\neg p$：$\exists x \in R, x^2 + 1 \neq 0$；

（4）$\neg p$：$\forall x, x^2 - 4 \neq 0$.

☞ **注意**

通过对例 5 中（3）、（4）复合命题的否定，不难发现，全称命题和存在性命题的否定符合结论：

全称命题 $\forall x \in M, p(x)$；它的否定是 $\exists x \in M, \neg p(x)$.

存在性命题 $\exists x \in M, q(x)$；它的否定是 $\forall x \in M, \neg q(x)$.

此外，通常将如何判定"$\neg p$"真假的几种情况总结为下表：

p	$\neg p$
真	假
假	真

【巩固基础】

1. 试用自己的语言描述简单命题和复合命题的定义.

2. 用"或"和"且"联结下列命题构成新命题，并判断"$p \vee q$"和"$p \wedge q$"的真假：

（1）$p: 2 \in \{2, 5\}$，$q: 4 \in \{2, 5\}$；

（2）$p: 2$ 不是偶数，$q: 7$ 是素数；

（3）$p: 1$ 是方程 $x - 1 = 0$ 的根，$q: -1$ 是方程 $x + 1 = 0$ 的根；

（4）$p: 1 > 5$，$q: 7 > 3$；

（5）$p: 36$ 是 2 的倍数，$q: 36$ 是 3 的倍数；

（6）$p: 10 > 4$，$q: 10 = 4$；

（7）$p: (-3)^2 = 9$，$q: \sqrt{9} = 3$；

（8）$p:$ 菱形的四边都相等，$q:$ 菱形的对角线互相垂直.

3. 写出下列命题的否定，并判断其真假：

（1）花朵都是红色的；

（2）$5 > 4$；

（3）4 是方程 $x^2 - 16 = 0$ 的根；

（4）所有负数的平方是正数；

（5）空集是任何集合的真子集.

4. 设集合 $A = \{2,5,7,13,19\}$. 试写出下列各命题的否定，并判断其真假：

（1）$\forall n \in A$，$n > 2$；

（2）$\exists n \in \{$偶数$\}$，$n \in A$.

【能力提升】

5. 下列叙述正确的是（　　）.

A. $11 \in \{2,4,7,13,19\}$　　　　B. 圆周率 π 是无理数

C. 自然数集是整数集　　　　　D. $\sqrt{5}$ 是有理数

6. "$a^2 + b^2 \neq 0$" 的含义是（　　）.

A. a,b 不全为 0　　　　　　　B. a,b 全不为 0

C. a,b 中至少有一个为 0　　　D. a,b 中没有 0

7. 判断下列复合命题的真假：

（1）周长相等的两个三角形全等或面积相等的两个三角形全等；

（2）27 是 7 的倍数或是 9 的倍数；

（3）12 能被 3 整除且能被 4 整除；

（4）2 和 3 都是素数；

（5）存在一个三角形是锐角三角形或钝角三角形.

8. 将下列命题用"且"和"或"联结成复合命题,并判断它们的真假:

（1）p：平行四边形的对角线互相平分，q：平行四边形的对角线相等；

（2）p：菱形的对角线互相垂直，q：菱形的对角线互相平分；

（3）p：35 是 15 的倍数，q：35 是 7 的倍数．

9. 写出下列复合命题的形式及构成它的简单命题:

（1）24 既是 8 的倍数，也是 6 的倍数；

（2）小明是篮球运动员或跳高运动员；

（3）2 是偶数，也是质数；

（4）$8 \geqslant 7$；

（5）小丽不是三好学生．

阅读空间 1-4

命题的四种形式

《大头儿子小头爸爸》是一部由诸多有趣小故事组成的国产童话系列片．主人公是活泼可爱又有些淘气的大头儿子，耐心温和善良的小头爸爸，以及美丽聪慧的围裙妈妈，这是具有中国特色的一家三口，爸爸主外，妈妈主内．故事取材于生活中的小事，以诙谐幽默的叙述手法把原本朴实无华的现实生活变得充满了童趣和幻想．

有一天，大头儿子和围裙妈妈围绕"玩具和作业"进行了这样的谈话：

儿子说："如果你给我买玩具，那么我就写作业．"

妈妈说："如果你写作业，那么我就给你买玩具．"

儿子说："如果你不给我买玩具，那么我就不写作业．"

妈妈说："如果你不写作业，那么我就不给你买玩具．"

你能观察出妈妈和儿子的四句谈话之间有什么联系吗？

这段对话共四句话，其实，这四句话就是数学中命题的四种形式，即原命题、逆命题、否命题和逆否命题．如果 p 和 q 分别表示原命题的条件和结论，那么这四种命题的形式可以表示如下：

原命题："如果 p，那么 q"；

逆命题："如果 q，那么 p"；

否命题："如果非 p，那么非 q"；

逆否命题："如果非 q，那么非 p"．

1.5 充要条件

学习目标

了解充分条件、必要条件、充要条件的概念；了解命题中条件与结论的关系．

【知识链接】

一个由 35 个人组成的班级，其中有 15 名团员，如果要从中选出团支书，那么是不是班里的每一个同学都有资格参选呢？如果要选班长，那么是不是班里的每一个同学都有资格参选呢？

这两个问题有什么不同呢？

思考题

问题 1　真命题和假命题是如何定义的？试举出两个真、假命题的例子．

问题 2　汉语中的"充分""必要""充分必要"是什么意思？

在数学和日常用语中，我们经常遇到"如果 p，那么 q"形式的命题，其中有的命题为真命题，有的命题为假命题．例如：

（1）如果两个三角形全等，那么这两个三角形的面积相等；

（2）如果 $x^2 = 1$，那么 $x = 1$．

在（1）中，由条件"两个三角形全等"可以推出结论"这两个三角形的面积相等"．

在（2）中，由条件"$x^2 = 1$"不能推出结论"$x = 1$"．

一般地，"如果 p，那么 q"为真命题，是指由 p 通过推理可以得出 q．这时，我们就说，由 p 可推出 q，记作

$$p \Rightarrow q,$$

读作"p 推出 q".

此时，我们称 p 是 q 的**充分条件**，又称 q 是 p 的**必要条件**.

命题（1）是真命题，即"两个三角形全等"是"这两个三角形的面积相等"的充分条件，或者说"这两个三角形的面积相等"是"两个三角形全等"的必要条件.

命题（2）是假命题，由条件"$x^2 = 1$"不能推出结论"$x = 1$". 反之，由"$x = 1$"则能推出"$x^2 = 1$". 因此说，"$x^2 = 1$"是"$x = 1$"的必要条件，或者说"$x = 1$"是"$x^2 = 1$"的充分条件.

例 1 指出下列命题中，p 是 q 的什么条件？q 是 p 的什么条件？

（1）p：内错角相等；q：两直线平行.

（2）p：$xy = 0$；q：$x = 0$.

分析 可以根据由 p 经过推理能否得出 q 进行判断.

解（1）由"内错角相等"可以推出"两直线平行"，即

$$p \Rightarrow q,$$

所以，p 是 q 的充分条件，q 是 p 的必要条件.

（2）由"$xy = 0$"不能推出"$x = 0$"，反之，由"$x = 0$"能推出"$xy = 0$"，即

$$p \Leftarrow q,$$

所以，p 是 q 的必要条件，q 是 p 的充分条件.

一般地，如果 p 既是 q 的充分条件，又是 q 的必要条件，我们称 p 是 q 的**充分必要条件**，简称**充要条件**. 记作

$$p \Leftrightarrow q.$$

例如，例 1 中的（1），p 是 q 的充要条件；（2）p 是 q 的必要不充分条件.

例 2 指出下列命题中，p 是 q 的什么条件？q 是 p 的什么条件？（在"充分不必要""必要不充分""充要""既不充分也不必要"四个条件中选出一种）

（1）p：$x^2 = y^2$；q：$x = y$.

（2）p：a 是有理数；q：a 是实数.

（3）p：$x > y$；q：$x^2 > y^2$.

（4）p：$x = 2$ 或 $x = -2$；q：$x^2 - 4 = 0$.

分析 可以根据由 p 经过推理能否得出 q 和由 q 经过推理能否得出 p 进行判断.

解（1）由于

$$x^2 = y^2 \not\Rightarrow x = y;$$
$$x = y \Rightarrow x^2 = y^2,$$

所以，p 是 q 的必要不充分条件.

（2）由于

$$a \text{ 是有理数} \Rightarrow a \text{ 是实数};$$
$$a \text{ 是实数} \not\Rightarrow a \text{ 是有理数};$$

所以，p 是 q 的充分不必要条件.

（3）由于

$$x > y \not\Rightarrow x^2 > y^2;$$
$$x^2 > y^2 \not\Rightarrow x > y.$$

所以，p 是 q 的既不充分也不必要条件.

（4）由于

$$x = 2 \text{ 或 } x = -2 \Rightarrow x^2 - 4 = 0,$$
$$x^2 - 4 = 0 \Rightarrow x = 2 \text{ 或 } x = -2,$$

所以，p 是 q 的充要条件.

【巩固基础】

1. 用符号"$\Rightarrow$""$\Leftarrow$""$\Leftrightarrow$"填空.

（1）$xy > 0$ _____ $x > 0, y > 0$；

（2）$x = -3$ _____ $x^2 = 9$；

（3）$|x| = |y|$ _____ $x^2 = y^2$；

（4）整数 a 能被 6 整除 _____ 整数 a 能被 2 整除.

2. 从"充分不必要""必要不充分""充要""既不充分也不必要"四个条件中选出一种填空：

（1）$x > 3$ 是 $x > 5$ 的 _____ 条件.

（2）两个三角形全等是两个三角形相似的 _____ 条件.

（3）$a > b$ 是 $ac > bc$ 的 _____ 条件.

（4）$\triangle ABC$ 中，$\angle C = 90°$ 是 $a^2 + b^2 = c^2$ 的 _____ 条件.

3. 下列条件中哪些是 $a + b > 0$ 的充分条件？

① $a>0, b>0$；② $a<0, b<0$；③ $a=3, b=-2$；④ $a>0, b<0$ 且 $|a|>|b|$.

【能力提升】

4. a,b 中至少有一个不为零的充要条件是（　　）.

A. $ab=0$　　　　　B. $ab>0$　　　　　C. $a^2+b^2=0$　　　　　D. $a^2+b^2>0$

5. 设集合 $M=\{x|0<x\leqslant 3\}$，$N=\{x|0<x\leqslant 2\}$，那么"$a\in M$"是"$a\in N$"的_____条件.

6. 已知集合 $A=\{1,a\}$，$B=\{1,2,3\}$，则"$a=3$"是"$A\subseteq B$"的（　　）.

A. 充分而不必要条件　　　　　B. 必要而不充分条件

C. 充要条件　　　　　D. 既不充分也不必要条件

阅读空间 1-5

从集合的角度理解简单逻辑用语

充分条件、必要条件和充要条件是重要的数学概念之一，它是研究命题的条件和结论之间简单逻辑关系的理论．它使学生在研究数学问题时，深入数学内部去体会、理解知识的本质，从而加深学生对数学内涵的理解．它培养学生严谨的思维品质，是逻辑推理能力的思维基础．

当命题所描述的对象易用集合表示的时候，我们可以从集合的观点理解这些知识点．这不仅能够开阔学生思路，从新的视角理解充分必要条件，而且对于培养学生的创新能力具有一定的启发意义．

设集合 $P=\{x|p\}$（即集合 P 是具备性质 p 的 x 组成的集合），集合 $Q=\{x|q\}$（即集合 Q 是具备性质 q 的 x 组成的集合）．则，

（1）p 是 q 的充分条件，即 $p\Rightarrow q$，相当于 $P\subseteq Q$．特别地，如果 $P\subsetneq Q$，则 p 是 q 的充分不必要条件；

（2）p 是 q 的必要条件，即 $q\Rightarrow p$，相当于 $P\supseteq Q$．特别地，如果 $P\supsetneq Q$，则 p 是 q 的必要不充分条件；

（3）p 是 q 的充要条件，即 $p\Leftrightarrow q$，相当于 $P\subseteq Q$．且 $P\supseteq Q$，即 $P=Q$，所以，互为充要的两个条件，刻画的是同一个事物；

（4）p 是 q 的既不充分又不必要条件，相当于 $P\cap Q=\varnothing$，或者 P,Q 既有公共元素

又有非公共元素.

【本章思维框图】

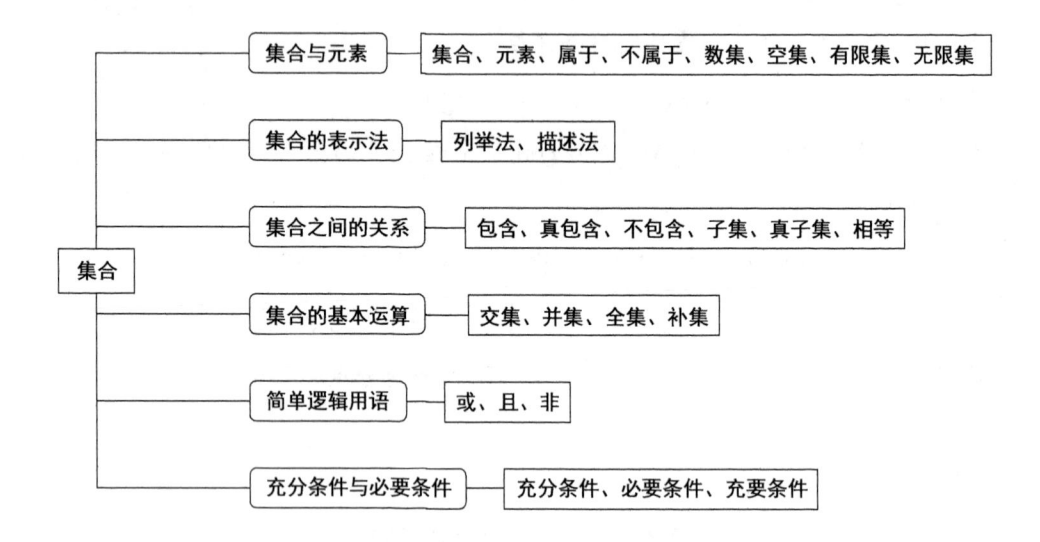

```
                  ┌─ 集合与元素 ──── 集合、元素、属于、不属于、数集、空集、有限集、无限集
                  │
                  ├─ 集合的表示法 ── 列举法、描述法
                  │
                  ├─ 集合之间的关系 ─ 包含、真包含、不包含、子集、真子集、相等
  集合 ───────────┤
                  ├─ 集合的基本运算 ─ 交集、并集、全集、补集
                  │
                  ├─ 简单逻辑用语 ── 或、且、非
                  │
                  └─ 充分条件与必要条件 ─ 充分条件、必要条件、充要条件
```

第二章 不等式

现实世界和日常生活中，既有相等关系，又存在着大量的不等关系．如两点之间线段最短，三角形两边之和大于第三边等．人们还经常用长与短、高与矮、轻与重、胖与瘦、大与小、不超过或不少于等来描述某种客观事物在数量上存在的不等关系．

"横看成岭侧成峰，远近高低各不同"，不知你是否能够体会到诗中蕴含的不等关系．与等量关系一样，不等量关系也是自然界中存在着的基本数量关系，在数学研究和数学应用中也起着重要的作用．那么，数学中，如何表示不等关系呢？

2.1 不等式的基本性质

学习目标 ▶▶▶

了解不等式的基本性质；掌握判断两个数（式）大小的"作差比较法".

【知识链接】

2006 年 7 月 12 日，在国际田联超级大奖赛洛桑站男子 110 米栏比赛中，我国百米跨栏运动员刘翔以 12 秒 88 的成绩夺冠，并打破了尘封 13 年的世界纪录 12 秒 91，为我国争得了荣誉.

如何体现两个纪录的差距？

通常利用观察两个数的差的符号，来比较它们的大小. 因为 12.88-12.91= -0.03＜0，所以得到结论：刘翔的成绩比世界纪录快了 0.03 秒.

思考题

问题 1　试举出现实生活中关于不等关系和不等式的实例.

问题 2　初中学习过不等式的哪些基本性质？

一般地，对于两个任意的实数 a 和 b，可以通过作差来比较两个实数的大小：
$$a - b > 0 \Leftrightarrow a > b;$$
$$a - b = 0 \Leftrightarrow a = b;$$
$$a - b < 0 \Leftrightarrow a < b.$$
因此，比较两个实数的大小，只需要考察它们的差即可．

例 1 比较 $\dfrac{2}{3}$ 与 $\dfrac{5}{8}$ 的大小．

解 $\dfrac{2}{3} - \dfrac{5}{8} = \dfrac{16-15}{24} = \dfrac{1}{24} > 0$，因此，$\dfrac{2}{3} > \dfrac{5}{8}$．

例 2 当 $a > b > 0$ 时，比较 $a^2 b$ 与 ab^2 的大小．

解 因为 $a > b > 0$，所以 $ab > 0$，$a - b > 0$，故
$$a^2 b - ab^2 = ab(a - b) > 0,$$
因此 $a^2 b > ab^2$．

注意

比较两个实数的大小，只要考察它们的差就可以了．作差法比较实数的大小一般步骤是：(1) 作差；(2) 恒等变形；(3) 判断差的符号；(4) 下结论．

其中，恒等变形是比较大小的关键一步，通常采用配方、因式分解等手段，将"差"化成"积"，即变形的方向是化成几个完全平方数和的形式或一些易判断符号的因式积的形式．

不等式还具有下列重要性质：

性质 1 对称性 如果 $a > b$，那么 $b < a$；如果 $b < a$，那么 $a > b$．

性质 2 传递性 如果 $a > b$，且 $b > c$，那么 $a > c$．

证明 $a > b \Rightarrow a - b > 0$，$b > c \Rightarrow b - c > 0$，于是
$$a - c = (a - b) + (b - c) > 0,$$
因此 $a > c$．

性质 3 可加性 如果 $a > b$，那么 $a + c > b + c$．

证明 因为 $a > b$，所以 $a - b > 0$．

因此 $(a + c) - (b + c) = a + c - b - c = a - b > 0$，即

$$(a+c)-(b+c) > 0$$

因此 $a+c > b+c$.

性质 4 如果 $a > b$, $c > 0$, 那么 $ac > bc$;

如果 $a > b$, $c < 0$, 那么 $ac < bc$.

例 2 根据不等式的性质,用符号"$>$"或"$<$"填空.

(1) 设 $a > b$, $a-3$ _____ $b-3$;

(2) 设 $a > b$, $6a$ _____ $6b$;

(3) 设 $a < b$, $-4a$ _____ $-4b$;

(4) 设 $a < b$, $5-2a$ _____ $5-2b$.

解 (1) $a-3 > b-3$; (2) $6a > 6b$; (3) $-4a > -4b$; (4) $5-2a > 5-2b$.

例 4 已知 $a > b > 0$, $c < 0$, 求证: $\dfrac{c}{a} > \dfrac{c}{b}$.

证明: 因为 $a > b > 0$, 所以 $ab > 0$, $\dfrac{1}{ab} > 0$.

于是 $a \times \dfrac{1}{ab} > b \times \dfrac{1}{ab}$, 即 $\dfrac{1}{b} > \dfrac{1}{a}$ 由 $c < 0$, 得 $\dfrac{c}{a} > \dfrac{c}{b}$.

例 5 如果 $a > b > 0$, $c > d > 0$, 证明: $ac > bd$.

证明: $a > b > 0$, 且 $c > 0$, 所以

$$ac > bc > 0.$$

同理, $c > d > 0$, 且 $b > 0$, 所以

$$bc > bd > 0.$$

所以, 根据不等式的传递性, 得

$$ac > bd.$$

例 6 如果 $a > b$, $c > d$, 则 $a+c > b+d$.

证明: 因为 $a > b$, 所以, $a+c > b+c$.

又因为 $c > d$, 所以 $b+c > b+d$

根据不等式的传递性, 得

$$a+c > b+d.$$

知识回顾

不等式的性质：

（1）不等式的两边同时加上或减去同一个数，不等号的方向不改变；

（2）不等式的两边同时乘以或除以同一个正数，不等号的方向不改变；

（3）不等式的两边同时乘以或除以同一个负数，不等号的方向改变．

【巩固基础】

1. 已知 $b < 2a$，$3d < c$，则下列不等式一定成立的是（　　）．

   A. $2a - c > b - 3d$　　　　　　　　B. $2ac > 3bd$

   C. $2a + c > b + 3d$　　　　　　　　D. $2a + 3d > b + c$

2. 已知 $a < 0$，$b < -1$，则下列不等式一定成立的是（　　）．

   A. $a > \dfrac{a}{b} > \dfrac{a}{b^2}$　　B. $\dfrac{a}{b^2} > \dfrac{a}{b} > a$　　C. $\dfrac{a}{b} > a > \dfrac{a}{b^2}$　　D. $\dfrac{a}{b} > \dfrac{a}{b^2} > a$

3. 设 $x < a < 0$，则下列不等式一定成立的是（　　）．

   A. $x^2 < ax < a^2$　　　　　　　　B. $x^2 > ax > a^2$

   C. $x^2 < a^2 < ax$　　　　　　　　D. $x^2 > a^2 > ax$

4. 若 $1 \leqslant a \leqslant 5$，$-1 \leqslant b \leqslant 2$，则 $a - b$ 的取值范围是_____．

【能力提升】

5. 已知 a、b 为非零实数，且 $a < b$，则下列命题成立的是（　　）．

   A. $a^2 < b^2$　　　　B. $a^2 b < ab^2$　　　　C. $\dfrac{1}{ab^2} < \dfrac{1}{a^2 b}$　　　　D. $\dfrac{b}{a} < \dfrac{a}{b}$

6. 已知 $a > 0$，试比较 a 与 $\dfrac{1}{a}$ 的大小．

7. 已知 $1 < a < 4$，$2 < b < 8$，试求 $2a + 3b$ 与 $a - b$ 的取值范围．

8. 若 $x \in \mathbb{R}$，试比较 $\dfrac{x}{1+x^2}$ 与 $\dfrac{1}{2}$ 的大小关系．

9. 设 $a > b > 0$，试比较 $\dfrac{a^2 - b^2}{a^2 + b^2}$ 与 $\dfrac{a - b}{a + b}$ 的大小．

阅读空间 2-1

"不等号"的由来

现实世界中存在着大量的不等关系，如何用符号来表示呢？为了寻求一套表示"大于"或"小于"的符号，数学家们曾绞尽脑汁．英国数学家哈里奥特（T.Harriot，1560—1621年）首先创用符号"＞"表示"大于"，"＜"表示"小于"，这就是现在通用的大于号和小于号．

与哈里奥特同时代的数学家们也创造了一些表示大小关系的符号，但是因书写起来十分繁琐而被淘汰．

当表达一个数（或量）大于或等于另一个数（或量）时，把"＞"和"＝"有机地结合起来得到符号"≥"，读作"大于等于"，有时也称为"不小于"．

同样，把符号"≤"读作"小于等于"，有时也称为"不大于"．

2.2 区间

学习目标 ▶▶▶

理解区间的概念；掌握用区间表示不等式解集的方法，并能在数轴上表示出来．

【知识链接】

高铁已经成为中国发展的新引擎，我国地域辽阔，人才、资源分布不均匀，高铁在风驰电掣中，将一个又一个经济发展带连接在一起，形成一个又一个半小时、一小时、两小时城市群．

高铁动车组的公交化开行，让人们随走即能成行的愿望实现．同时，也加速了人才、信息、资源流通，加快地区间优势互补，补齐地区经济发展短板．

开头字母	例如	类别	时速
K	K8826	快速列车	100km/h~120km/h
T	T7572	特快列车	120km/h~140km/h
Z	Z301	直达特快列车	140km/h~160km/h
D	D336	动车组	200km/h~250km/h
G	G204	高铁	250km/h~300km/h
C	C4686	城际铁路	90km/h~100km/h

思考题

旅客列车的运行速度值界定在200公里/小时与350公里/小时之间. 如何表示列车的运行速度的范围？

不等式：$200 < v < 350$；

集合：$\{v \mid 200 < v < 350\}$；

数轴：位于200与350之间的一段不包括端点的线段.

一般地，由数轴上两点间的一切实数所组成的集合叫作区间. 其中，这两个点叫作**区间端点**.

设 a, b 为任意两个实数，且 $a < b$. 我们定义：

不含端点的区间叫作**开区间**，表示数集 $\{x \mid a < x < b\}$，记为 (a, b)，其中 a 叫作区间的左端点，b 叫作区间的右端点.

含有两个端点的区间叫作**闭区间**，表示数集 $\{x \mid a \leqslant x \leqslant b\}$，记为 $[a, b]$.

只含左端点的区间叫作**左闭右开区间**，表示数集 $\{x \mid a \leqslant x < b\}$，记为 $[a, b)$.

只含右端点的区间叫作**左开右闭区间**，表示数集 $\{x \mid a < x \leqslant b\}$，记为 $(a, b]$.

例1 把下列集合用区间表示出来，并指出区间类型？

（1）$\{x \mid 1 < x < 3\}$； （2）$\{x \mid 0 \leqslant x < 2\}$； （3）$\{x \mid 2 \leqslant x \leqslant 5\}$.

解 （1）$(1, 3)$，开区间；（2）$[0, 2)$，左闭右开区间；（3）$[2, 5]$，闭区间；

例2 已知集合 $A = (-1, 4)$，集合 $B = [0, 5]$，求：$A \cup B$，$A \cap B$.

解 两个集合的数轴表示如下图所示，

$A \cup B = (-1, 5]$，$A \cap B = [0, 4)$.

例3 用集合的描述法表示下列区间：

（1）$(-3, 1)$；（2）$(2, 4]$.

解 （1）$\{x \mid -3 < x < 1\}$；（2）$\{x \mid 2 < x \leqslant 4\}$.

> 思考题

集合 $\{x \mid x > 2\}$ 可以用数轴上位于 2 右边的一段不包括端点的射线表示，如何用区间表示？

集合 $\{x \mid x > 2\}$ 表示的区间的左端点为 2，不存在右端点，为开区间，用记号 $(2,+\infty)$ 表示．其中符号"$+\infty$"（读作"正无穷"），表示右端点可以任意大，但是写不出具体的数．

类似地，集合 $\{x \mid x < 2\}$ 表示的区间为开区间，用符号 $(-\infty,2)$ 表示（"$-\infty$"读作"负无穷"）．

集合 $\{x \mid x \geqslant 2\}$ 表示的区间为左闭右开区间，用记号 $[2,+\infty)$ 表示；集合 $\{x \mid x \leqslant 2\}$ 表示的区间为左开右闭区间，用记号 $(-\infty,2]$ 表示；实数集 R 可以表示为开区间，用记号 $(-\infty,+\infty)$ 表示．

> 注意

"$-\infty$"与"$+\infty$"都是符号，而不是一个确切的数，分别表示"负无穷大"和"正无穷大"，"$-\infty$"与"$+\infty$"在微积分极限理论中继续学习．

例 4 已知集合 $A = (-\infty,2)$，集合 $B = (-\infty,4]$，求 $A \cup B$，$A \cap B$．

解 观察如下图所示的集合 A、B 的数轴表示，得

（1）$A \cup B = (-\infty,4] = B$；（2）$A \cap B = (-\infty,2) = A$．

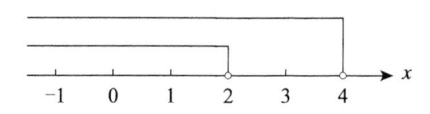

例 5 设全集为 R，集合 $A = (0,3]$，集合 $B = (2,+\infty)$，

（1）求 $\complement_R A$，$\complement_R B$；（2）求 $A \cap \complement_R B$．

解 观察如下图所示的集合 A、B 的数轴表示，得

（1）$\complement_R A = (-\infty,0] \cup (3,+\infty)$，$\complement_R B = (-\infty,2]$；

（2）$A \cap \complement_R B = (0,2]$．

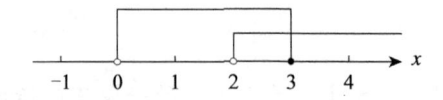

下面将各种区间表示的集合列表如下（表中 a、b 为任意实数，且 $a<b$）．

区间	(a,b)	$[a,b]$	$(a,b]$
集合	$\{x\mid a<x<b\}$	$\{x\mid a\leqslant x\leqslant b\}$	$\{x\mid a<x\leqslant b\}$
区间	$[a,b)$	$(-\infty,b)$	$(-\infty,b]$
集合	$\{x\mid a\leqslant x<b\}$	$\{x\mid x<b\}$	$\{x\mid x\leqslant b\}$
区间	$(a,+\infty)$	$[a,+\infty)$	$(-\infty,+\infty)$
集合	$\{x\mid x>a\}$	$\{x\mid x\geqslant a\}$	R

【巩固基础】

1. 用区间表示下列不等式的解集，并用数轴上的点集表示这些区间：

（1）$x<-2$； （2）$2<x<5$； （3）$x<5$； （4）R．

2. 用集合的描述法表示下列区间：

（1）$(3,5)$； （2）$[-7,8]$； （3）$[-3,0]$； （4）$(-\infty,-6]$．

3. 已知集合 $A=\{x\mid 0<x<7\}$，$B=\{x\mid x<8\}$，求 $A\cap B$、$A\cup B$，并用区间表示．

4. 解不等式 $2x-3<5x+1$．

【能力提升】

5. 设全集为 $U=\mathbf{R}$，集合 $A=(-\infty,2]$，$B=[2,+\infty)$，求：

（1）$\complement_U A$； （2）$\complement_U B$； （3）$(\complement_U A)\cup(\complement_U B)$； （4）$(\complement_U A)\cap(\complement_U B)$．

6. 解不等式组 $\begin{cases} x-3(x-2)>1 \\ \dfrac{2x-1}{5}\geqslant\dfrac{x+1}{2} \end{cases}$．

7. 设全集为 $U=\mathbf{R}$，集合 $A=(-\infty,-1)$，集合 $B=(1,3)$，求：

（1）$\complement_U A$； （2）$\complement_U B$； （3）$A\cap(\complement_U B)$．

> 阅读空间 2-2
>
> ### 数学故事：奇怪的旅店
>
> 有个故事据说出自杰出的德国数学家希尔伯特之口："一天深夜，一个人走进一家

旅店，想订一间房．店主微笑的告诉他说：对不起，我们所有房间都住满了客人，不过让我想想办法，或许我最终可以为您腾出一个房间来．"然后，店主便离开自己的办公台，很不好意思的叫醒了旅客，并请他们换一换房间：他叫每一号房间的旅客搬到房间号比原来高一号的房间去．

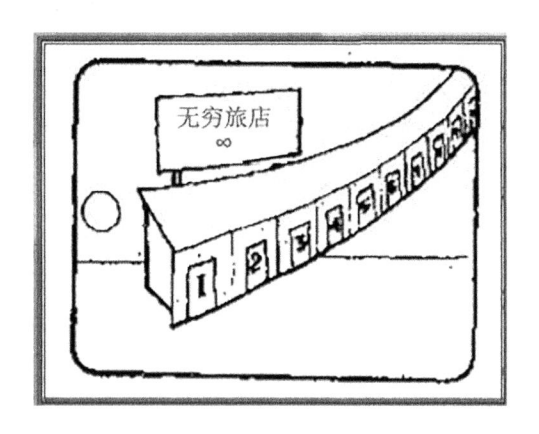

令这位迟来着感到十分吃惊的是，第一号房间竟被腾了出来．他很高兴地搬了进去，然后安顿下来过夜．但是百思不得其解得问题是，为什么仅通过让房客从一个房间搬到另一个房间，第一个房间就能腾出来呢？

我们思考这样一个问题：明明顾客住店时该无穷旅店已经客满，为什么店主还能腾出一个房间给这个旅客呢？这个著名的故事讲出了"无限"．无限是有限的延伸．无限曾使人类困惑了两千余年．

2.3 一元二次不等式

学习目标

了解一元二次不等式的概念；理解一元二次函数、一元二次方程与一元二次不等式三者之间的关系；掌握一元二次不等式的解法，了解从实际问题中抽象出不等式模型解决简单实际问题的方法.

【知识链接】

某同学要把自己的计算机接入因特网，现有两家 ISP 公司可供选择，公司 A 每小时收费 1.5 元；公司 B 的收费标准为：用户上网的第 1 小时内收费 1.7 元，第 2 小时内收费 1.6 元，以后每小时减少 0.1 元. 若用户一次上网时间不超过 17 小时，请问一次上网在多长时间以内，能够保证该同学选择公司 A 的上网费用小于或等于选择公司 B 所需费用？

假设一次上网 x 小时（$0 < x \leqslant 17$，$x \in \mathbf{N}^*$），则 A、B 两公司收取的费用是：
公司 A 收取的费用为 $1.5x$（元），公司 B 收取的费用为

$$1.7 + 1.6 + \cdots + [1.7 - 0.1 \times (x-1)] = \frac{x(35-x)}{20} \text{（元）}.$$

满足选择公司 A 的上网费用少，即 $\frac{x(35-x)}{20} \geqslant 1.5x$，整理得 $x^2 - 5x \leqslant 0$. 只要求得满足 $x^2 - 5x \leqslant 0$ 的解集，就得到了问题的答案.

思考题

问题 1　解一元二次方程有哪些方法？

问题 2　二次函数的图象、一元二次方程与一元二次不等式之间存在着哪些联系？

一般地，含有一个未知数，且未知数的最高次数为 2 的整式不等式，叫作**一元二**

次不等式. 它的一般表达形式为：$ax^2+bx+c>0$ (≥ 0) 或 $ax^2+bx+c<0$ (≤ 0)（其中 $a \neq 0$）.

例 1 已知二次函数 $y=x^2-5x$,

（1）画这个二次函数的图象.

（2）观察抛物线找出纵坐标 $y=0$、$y>0$、$y<0$ 的点.

（3）观察图象上纵坐标 $y=0$、$y>0$、$y<0$ 的那些点所对应的横坐标 x 的取值范围？

分析 先用判别式判定一元二次方程 $x^2-5x=0$ 解的情况，从而确定出图象与 x 轴的交点个数、交点坐标、对称轴方程、顶点坐标，然后画出函数图象.

解（1）因为 $a=1>0$，所以函数的图象是开口向上的抛物线.

因为 $\Delta=b^2-4ac=(-5)^2-4\times1\times0=25>0$，所以，方程 $x^2-5x=0$ 有两个不相等的实数根，解得 $x_1=0, x_2=5$.

所以图象与 x 轴交点坐标为 $(0,0)$，$(5,0)$，顶点坐标为 $\left(-\dfrac{b}{2a}, \dfrac{4ac-b^2}{4a}\right)$，即 $\left(\dfrac{5}{2}, -\dfrac{25}{4}\right)$. 对称轴方程为 $x=-\dfrac{b}{2a}=\dfrac{5}{2}$. 其图象如图 2-1 所示：

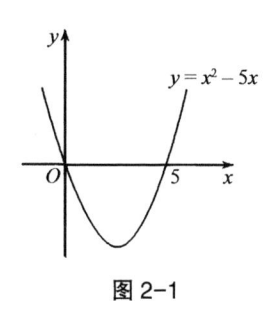

图 2-1

（2）观察上图，得知抛物线与 x 轴交点的纵坐标 $y=0$，抛物线上位于 x 轴上方的所有点的纵坐标 $y>0$，抛物线上位于 x 轴下方的所有点的纵坐标 $y<0$.

（3）观察图象可以看到，方程 $x^2-5x=0$ 的解，恰好分别为函数图象与横坐标的交点；在 x 轴上方的函数图象，所对应的自变量 x 的取值范围，即 $\{x \mid x<0 \text{ 或 } x>5\}$ 内的值，使得 $y=x^2-5x>0$；在 x 轴下方的函数图象所对应的自变量 x 的取值范围，即 $\{x \mid 0<x<5\}$ 内的值，使得 $y=x^2-5x<0$.

由上述例 1 的分析过程，利用二次函数 $y=ax^2+bx+c$ ($a>0$) 的图象可以解不等式 $ax^2+bx+c>0$ 或 $ax^2+bx+c<0$.

我们知道，对于一元二次方程 $ax^2+bx+c=0$ ($a>0$)，按照判别式分为三种情况：

（1）当 $\Delta = b^2 - 4ac > 0$ 时，方程 $ax^2 + bx + c = 0$ 有两个不相等的实数解 x_1 和 x_2 ($x_1 < x_2$)，二次函数 $y = ax^2 + bx + c$ 的图象与 x 轴有两个交点 $(x_1,0)$，$(x_2,0)$ ［如图 2-2（a）所示］. 此时，不等式 $ax^2 + bx + c < 0$ 的解集是 (x_1,x_2)，不等式 $ax^2 + bx + c > 0$ 的解集是 $(-\infty,x_1) \cup (x_2,+\infty)$；

（2）当 $\Delta = b^2 - 4ac = 0$ 时，方程 $ax^2 + bx + c = 0$ 有两个相等的实数解 x_0，二次函数 $y = ax^2 + bx + c$ 的图象与 x 轴只有一个交点 $(x_0,0)$ ［如图 2-2（b）所示］. 此时，不等式 $ax^2 + bx + c < 0$ 的解集是 $\varnothing$；不等式 $ax^2 + bx + c > 0$ 的解集是 $(-\infty,x_0) \cup (x_0,+\infty)$.

（3）当 $\Delta = b^2 - 4ac < 0$ 时，方程 $ax^2 + bx + c = 0$ 没有实数解，二次函数 $y = ax^2 + bx + c$ 的图象与 x 轴没有交点 ［如图 2-2（c）所示］. 此时，不等式 $ax^2 + bx + c < 0$ 的解集是 $\varnothing$；不等式 $ax^2 + bx + c > 0$ 的解集是 R.

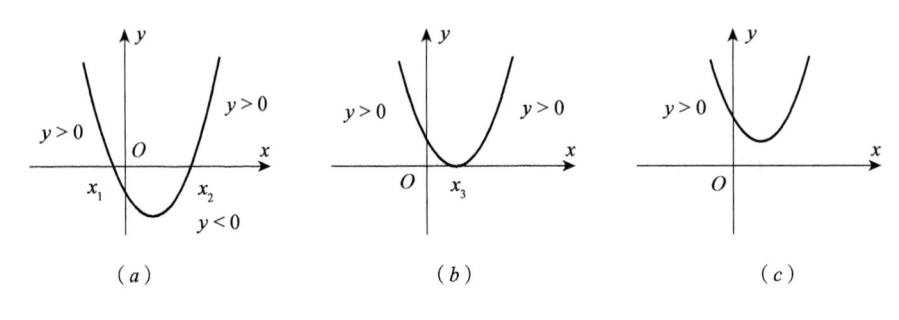

图 2-2

当 $a > 0$ 时，一元二次不等式的解集如下表所示 ［$\Delta = b^2 - 4ac$　　($x_1 < x_2$)］：

方程或不等式	解集		
	$\Delta > 0$	$\Delta = 0$	$\Delta < 0$
$ax^2 + bx + c = 0$	$\{x_1,x_2\}$	$\{x_0\}$	$\varnothing$
$ax^2 + bx + c > 0$	$(-\infty,x_1) \cup (x_2,+\infty)$	$(-\infty,x_0) \cup (x_0,+\infty)$	R
$ax^2 + bx + c \geqslant 0$	$(-\infty,x_1] \cup [x_2,+\infty)$	R	R
$ax^2 + bx + c < 0$	(x_1,x_2)	$\varnothing$	$\varnothing$
$ax^2 + bx + c \leqslant 0$	$[x_1,x_2]$	$\{x_0\}$	$\varnothing$

设方程 $ax^2 + bx + c = 0$ ($a \neq 0$) 有两个不等的实数根 x_1、x_2，且 $x_1 < x_2$，则 $ax^2 + bx + c > 0$ ($a > 0$) 的解集为 $\{x \mid x < x_1 \text{ 或 } x > x_2\}$ 或 $(-\infty,x_1) \cup (x_2,+\infty)$；$ax^2 + bx + c < 0$ ($a > 0$) 的解集为 $\{x \mid x_1 < x < x_2\}$ 或 (x_1,x_2).

解一元二次不等式的基本步骤：

（1）判断二次项系数是否为正数，如果不是，先将不等式两边同乘 -1；

（2）判断对应方程解的情况，如果有解，求出方程的解；

（3）根据表格写出一元二次的不等式的解集．

例2 解下列各一元二次不等式：

（1）$x^2 - x - 6 > 0$； （2）$x^2 < 9$；

（3）$5x - 3x^2 - 2 > 0$； （4）$-2x^2 + 4x - 3 \leqslant 0$

分析 首先判定二次项系数是否为正数，再研究对应一元二次方程解的情况，最后对照表格写出不等式的解集．

解（1）因为二次项系数为 $1 > 0$，且方程 $x^2 - x - 6 = 0$ 的解集为 $\{-2,3\}$，故不等式 $x^2 - x - 6 > 0$ 的解集为 $(-\infty,-2) \cup (3,+\infty)$.

（2）$x^2 < 9$ 可化为 $x^2 - 9 < 0$，因为二次项系数为 $1 > 0$，且方程 $x^2 - 9 = 0$ 的解集为 $\{-3,3\}$，故 $x^2 < 9$ 的解集为 $(-3,3)$.

（3）$5x - 3x^2 - 2 > 0$ 中，二次项系数为 $-3 < 0$，将不等式两边同乘 -1，得 $3x^2 - 5x + 2 < 0$. 由于方程 $3x^2 - 5x + 2 = 0$ 的解集为 $\left\{\dfrac{2}{3},1\right\}$. 故不等式 $3x^2 - 5x + 2 < 0$ 的解集为 $\left(\dfrac{2}{3},1\right)$，即 $5x - 3x^2 - 2 > 0$ 的解集为 $\left(\dfrac{2}{3},1\right)$.

（4）因为二次项系数为 $-2 < 0$，将不等式两边同乘 -1，得 $2x^2 - 4x + 3 \geqslant 0$. 由于判别式 $\Delta = (-4)^2 - 4 \times 2 \times 3 = -8 < 0$，故方程 $2x^2 - 4x + 3 = 0$ 没有实数解．所以不等式 $2x^2 - 4x + 3 \geqslant 0$ 的解集为 R，即 $-2x^2 + 4x - 3 \leqslant 0$ 的解集为 R.

例3 x 是什么实数时，$\sqrt{3x^2 - x - 2}$ 有意义？

分析 若使二次根式有意义的话，实数 x 必须满足根号内的式子大于或等于零．

解 根据题意需要解不等式 $3x^2 - x - 2 \geqslant 0$. 解方程 $3x^2 - x - 2 = 0$ 得 $x_1 = -\dfrac{2}{3}$，$x_2 = 1$. 由于二次项系数为 $3 > 0$，所以不等式的解集为 $\left(-\infty,-\dfrac{2}{3}\right] \cup [1,+\infty)$. 即当 $x \in \left(-\infty,-\dfrac{2}{3}\right] \cup [1,+\infty)$ 时，$\sqrt{3x^2 - x - 2}$ 有意义．

例4 一个汽车制造厂引进了一条摩托车整车装配流水线，这条流水线生产的摩托车数量 x（辆）与创造的价值 y（元）之间有如下的关系：

$$y = -2x^2 + 220x,$$

若这家工厂希望在一个星期内利用这条流水线创收 6000 元以上，那么它在一个星期内大约应该生产多少辆摩托车?

解 设在一个星期内大约应该生产 x 辆摩托车,根据题意,我们得到
$$-2x^2 + 220x > 6000$$
移项整理,得
$$x^2 - 110x + 3000 < 0$$
因为 $\Delta = 100 > 0$,所以方程 $x^2 - 110x + 3000 = 0$ 有两个实数根
$$x_1 = 50, x_2 = 60.$$
由二次函数的图象,得不等式的解为:
$$\{x \mid 50 < x < 60\}$$
因为 x 只能取正整数,所以,当这条摩托车整车装配流水线在一周内生产的摩托车数量在 51—59 辆之间时,这家工厂能够获得 6000 元以上的收益.

知识回顾

1. 一元二次方程

一元二次方程 $ax^2 + bx + c = 0 \, (a \neq 0)$ 的求根公式:

当 $\Delta = b^2 - 4ac > 0$ 时,方程 $ax^2 + bx + c = 0$ 有两个不相等的实数解
$$x_1 = \frac{-b - \sqrt{b^2 - 4ac}}{2a}, \quad x_2 = \frac{-b - \sqrt{b^2 - 4ac}}{2a}$$
当 $\Delta = b^2 - 4ac = 0$ 时,方程 $ax^2 + bx + c = 0$ 有两个相等的实数解
$$x_1 = x_2 = -\frac{b}{2a}$$
当 $\Delta = b^2 - 4ac < 0$ 时,方程 $ax^2 + bx + c = 0$ 无实数解.

其中 $\Delta = b^2 - 4ac$ 称作一元二次方程 $ax^2 + bx + c = 0 \, (a \neq 0)$ 的判别式.

有些一元二次方程 $ax^2 + bx + c = 0 \, (a \neq 0)$,也可以采用因式分解法求解,把方程写成
$$ax^2 + bx + c = a(x - x_1)(x - x_2) = 0.$$

2. 二次函数

二次函数 $y = ax^2 + bx + c \, (a \neq 0)$ 的图象是一条抛物线.当 $a > 0$ 时,抛物线开口向上;当 $a < 0$ 时,抛物线开口向下.抛物线与 x 轴共有以下三种位置关系:

当 $\Delta = b^2 - 4ac > 0$ 时,抛物线与 x 轴有两个交点;

当 $\Delta = b^2 - 4ac = 0$ 时，抛物线与 x 轴只有一个交点；

当 $\Delta = b^2 - 4ac < 0$ 时，抛物线与 x 轴没有交点．

【巩固基础】

1. 解下列不等式

（1）$x^2 - x - 2 > 0$； （2）$x^2 - x + 2 > 0$；

（3）$x^2 + 2x + 1 > 0$； （4）$x^2 + 2x - 3 < 0$.

2. 解下列不等式

（1）$4x^2 - 1 \geqslant 0$； （2）$x^2 + x - 6 < 0$；

（3）$2x^2 - x - 1 > 0$； （4）$x - x^2 + 6 < 0$.

3. x 是什么实数时，$\sqrt{x^2 - 3x}$ 有意义？

【能力提升】

4. 一元二次方程 $ax^2 + bx + c = 0$ 的根为 2，-1，则当 $a < 0$ 时，不等式 $ax^2 + bx + c \geqslant 0$ 的解集为（　　）．

A. $\{x \mid x < -1 \text{ 或 } x > 2\}$ B. $\{x \mid x \leqslant -1 \text{ 或 } x \geqslant 2\}$

C. $\{x \mid -1 < x < 2\}$ D. $\{x \mid -1 \leqslant x \leqslant 2\}$

5. 若 $a < 0$，则关于 x 的不等式 $x^2 - 4ax - 5a^2 > 0$ 的解集是（　　）．

A. $(-\infty, -a) \cup (5a, +\infty)$ B. $(-\infty, -5a) \cup (-a, +\infty)$

C. $(5a, -a)$ D. $(a, -5a)$

6. 若不等式 $ax^2 + 8ax + 21 < 0$ 的解集是 $\{x \mid -7 < x < -1\}$，那么 $a=$（　　）．

A. 1　　　B. 2　　　C. 3　　　D. 4

7. 不等式 $-1 < x^2 + 2x - 1 \leqslant 2$ 的解集是_____．

8. 若不等式 $x^2 + mx + 1 > 0$ 的解集为 R，则 m 的取值范围是_____．

9. 解关于 x 的不等式：$x^2 + (1-a)x - a < 0$.

10. 解下列不等式

（1）$7(x-2) \leqslant 4x + 1$； （2）$2x^2 + 3x - 6 < 3x^2 + x - 1$；

（3）$-x^2 + 2x + 3 \geqslant 0$； （4）$x(x-1) < x(2x-3) + 2$；

（5）$-6x^2 - x + 2 \leqslant 0$； （6）$(1-x)(x+2) > 0$；

（7）$x(1-2x) > 0$；　　　　　　　（8）$-3x^2 + 7x - 6 \leqslant -4x(x-2)$.

11. 若产品的总成本 y（万元）与产量 x（台）之间的函数关系式是
$$y = 3000 + 20x - 0.1x^2 (0 < x < 240),$$
若每台产品的售价为 25 万元，则生产者不亏本（销售收入不小于总成本）时的最低产量是（　　）.

　　A. 100 台　　　　B. 120 台　　　　C. 150 台　　　　D. 180 台

12. 某小型服装厂生产一种风衣，日销售量 x 件与单价 P 元之间的关系为 $P = 160 - 2x$，生产 x 件所需成本为 $C = 500 + 30x$ 元，该厂日产量多大时，每天获利不少于 1300 元？

阅读空间 2-3

第二十四届国际数学家大会

第二十四届国际数学家大会 2002 年在北京国际会议中心隆重举行. 此次大会在世界上创造了四个第一：(1) 这次会议是历史上"国际数学家大会"第一次在发展中国家召开；(2) 这次会议是科技史上中国数学家和外国数学家参加人数最多的一次会议. 来自世界各地 101 个国家的 4000 多名数学家（其中中国数学家 2000 多人，外国数学家 2000 人左右，包括 1 位诺贝尔经济学奖得主，6 位菲尔兹奖获得者）参加了这次历时 9 天的会议；(3) 是世界上第一次在中国召开的国际数学家大会，并由中国数学家吴文俊院士担任大会主席；(4) 是世界历史上，发展中国家规模最大的数学会议. 来自国内外的数学家，向大会提交了 1458 篇论文. 除了主会场历时 9 天的国际数学家大会外，会议前后还在中国、日本、俄罗斯、新加坡、越南的 32 个城市（中国的 26 个城市），召开了 46 个卫星会议及大众报告会、数学博览展、数学书展、数学论坛等.

上图是在北京召开的第二十四届国际数学家大会会标. 会标根据中国古代数学家赵爽的弦图设计的，颜色的明暗使它看上去象一个风车，代表中国人民热情好客. 根据下图，思考第二十四届国际数学家大会会标志包括哪些几何元素？其中包括哪些等量关系和不等关系?

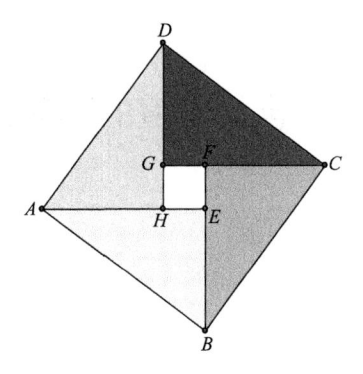

2.4 含绝对值的不等式

学习目标 ▶▶▶

了解含绝对值不等式 $|x|<a$ 和 $|x|>a\,(a>0)$ 的含义；掌握形如 $|ax+b|<c$ 和 $|ax+b|>c\,(c>0)$ 的不等式的解法．

【知识链接】

《最高人民法院关于审理商品房买卖合同纠纷案件适用法律若干问题的解释》第十四条规定："出卖人交付使用的套内建筑面积或者建筑面积与商品房买卖合同约定面积不符，合同有约定的，按照约定处理；合同没有约定或者约定不明确的，按照以下原则处理：

面积误差比在 3% 以内（含 3%），按照合同约定的价格据实计算，买受人请求解除合同的，不予支持．

面积误差比绝对值超出 3%，买受人请求解除合同的、返还已付购房款及利息的，应予支持．买受人同意继续履行合同，房屋实际面积大于合同约定面积的，面积误差比在 3% 以内（含 3%）部分的房价款由买受人按照约定的价格补足，面积误差比超出 3% 部分的房价款由出卖人承担，所有权归买受人；房屋实测面积小于合同约定面，面积误差比在 3% 以内（含 3%）部分的房价款及利息由出卖人返还买受人，面积误差比超出 3% 的部分房价款由出卖人双倍返还买受人．"

张先生买房时合同约定面积为 $100\ m^2$，那么房屋竣工后，现场实测结果的产权登记面积为多少时，他必须据实结算房价款？或者有权申请解除合同？

假设产权登记面积为 $x\ m^2$，实际上就是要解一个含有绝对值的不等式．

$$\left|\frac{x-100}{100}\right|\leqslant 3\%\ \text{或}\ \left|\frac{x-100}{100}\right|>3\%$$

可化为 $|x-100|\leqslant 3$ 或 $|x-100|>3$

> **思考题**
>
> 问题 1　任意实数的绝对值是如何定义的？其几何意义是什么？
>
> 问题 2　不等式 $|x| < a\,(a > 0)$ 的解集在数轴上如何表示？

根据绝对值的意义，我们知道，在实数集 R 中

$$|a| = \begin{cases} a, & a > 0, \\ 0, & a = 0, \\ -a, & a < 0. \end{cases}$$

例如，方程 $|x| = 2$ 的解是 $x_1 = 2$，$x_2 = -2$. 于是不等式 $|x| < 2$ 的解集是 $(-2, 2)$；不等式 $|x| > 2$ 的解集是 $(-\infty, -2) \cup (2, +\infty)$.

一般地，不等式 $|x| < a\,(a > 0)$ 的解集是 $(-a, a)$；不等式 $|x| > a\,(a > 0)$ 的解集是 $(-\infty, -a) \cup (a, +\infty)$.

例 1　解下列各不等式：

（1）$2|x| < 6$；　　（2）$3|x| - 1 < 0$；　　（3）$4 \geqslant |x| - 1$.

分析　将不等式化成 $|x| < a$ 或 $|x| > a$ 的形式后求解．

解　（1）由不等式 $2|x| < 6$，得 $|x| < 3$，所以原不等式的解集为 $(-3, 3)$.

（2）由不等式 $3|x| - 1 > 0$，得 $|x| > \dfrac{1}{3}$，所以原不等式的解集为

$$\left(-\infty, -\dfrac{1}{3}\right) \cup \left(\dfrac{1}{3}, +\infty\right).$$

（3）由不等式 $4 \geqslant |x| - 1$，得 $|x| \leqslant 5$，所以原不等式的解集为 $[-5, 5]$.

例 2　解下列各不等式：

（1）$|x - 3| \leqslant 5$；　　（2）$|2x + 5| > 7$.

分析　将不等式中绝对值符号内的式子看成一个整体，设 $x - 3 = t$ 或 $2x + 5 = t$，这样不等式就分别化为 $|t| \leqslant 5$ 或 $|t| > 7$ 求解．

解（1）令 $x - 3 = t$，由 $|x - 3| \leqslant 5$，得 $|t| \leqslant 5$，解得 $-5 \leqslant t \leqslant 5$，即

$$-5 \leqslant x - 3 \leqslant 5$$

解得：$-2 \leqslant x \leqslant 8$，所以，原不等式的解集是 $[-2, 8]$.

（2）令 $2x + 5 = t$，由 $|2x + 5| > 7$，得 $|t| > 7$，解得 $t > 7$ 或 $t < -7$，即

$$2x + 5 > 7 \text{ 或 } 2x + 5 < -7$$

解得：$x > 1$ 或 $x < -6$，所以，原不等式的解集是 $(-\infty,-6) \cup (1,+\infty)$.

由此可见，形如 $|ax+b| < c$ 或 $|ax+b| > c\ (c > 0)$ 的不等式，可以通过"变量替换"的方法求解．在实际运算中，可以省略变量替换的书写过程．

例3 解不等式 $|2x-1| \leqslant 3$.

解 由原不等式可得 $-3 \leqslant 2x-1 \leqslant 3$，

于是 $-2 \leqslant 2x \leqslant 4$，

即 $-1 \leqslant x \leqslant 2$，

所以原不等式的解集为 $[-1,2]$.

【巩固基础】

1. 解下列各不等式：

（1）$2|x| \leqslant 9$；　　　　　　　　　（2）$|x| > 4$；

（3）$|x| - 2 > 0$；　　　　　　　　　（4）$|3x| > 5$.

2. 解下列各不等式：

（1）$|x-2| > 1$；　　　　　　　　　（2）$\left|x + \dfrac{1}{3}\right| \leqslant \dfrac{1}{6}$；

（3）$|3x-2| < 4$；　　　　　　　　　（4）$\left|\dfrac{1}{2}x + 1\right| \geqslant 3$.

3. 不等式 $|3x-2| > 1$ 的解集（　　）．

A. $\left(-\infty, -\dfrac{1}{3}\right) \cup (1,+\infty)$　　　　B. $\left(-\dfrac{1}{3}, 1\right)$

C. $\left(-\infty, \dfrac{1}{3}\right) \cup (1,+\infty)$　　　　D. $\left(\dfrac{1}{3}, 1\right)$

4. 不等式 $2|x| - 7 < 1$ 的解集为（　　）．

A. $(-\infty,-4) \cup (4,+\infty)$　　　　B. $(-4,4)$

C. $(-\infty,-2) \cup (2,+\infty)$　　　　D. $(-2,2)$

【能力提升】

5. 解下列关于 x 的不等式：

（1）$|x-a| \geqslant b\ (b > 0)$；　　　　　　（2）$|x+a| < b\ (b > 0)$.

6. 解下列不等式：

（1）$\left|\dfrac{x}{3} - \dfrac{1}{2}\right| < 1$；

（2）$|2 - 3x| > 2$；

（3）$-|x - 5| < -10$；

（4）$-1 \geqslant -\left|2 - \dfrac{x}{3}\right| + 2$.

7. 设全集为 R，集合 $A = \{x \mid |x - 1| < 4\}$，集合 $B = \{x \mid x^2 - 2x \geqslant 0\}$，求 $A \cap B$，$A \cup B$，$A \cap \complement_R B$.

阅读空间 2-4

柯西及柯西不等式

柯西（Cauchy Augustin-Louis，1789—1857 年），法国数学家，8 月 21 日生于巴黎，他的父亲路易·弗朗索瓦·柯西是法国波旁王朝的官员，在法国动荡的政治漩涡中一直担任公职．由于家庭的原因，柯西本人属于拥护波旁王朝的正统派，是一位虔诚的天主教徒．大约在 1805 年，他就读于巴黎综合理工学院．他在数学方面有杰出的表现，被任命为法国科学院院士等重要职位．1830 年柯西拒绝效忠新国王，并自行离开了法国．大约在十年后，他担任了巴黎综合理工学院教授．在 1848 年时，在巴黎大学担任教授．柯西一生写了大约 800 篇论文，这些论文编成《柯西著作全集》，由 1882 年开始出版．他在纯数学和应用数学领域的功底是相当深厚的，很多数学的定理、公式都以他的名字来称呼，如柯西不等式、柯西积分公式．其中柯西不等式的二维形式为

$$(a^2 + b^2)(c^2 + d^2) \geqslant (ac + bd)^2$$

在数学写作上，他被认为在数量上仅次于欧拉的人，他一生一共著作了 789 篇论文和几本书，以《分析教程》（1821 年）和《关于定积分理论的报告》（1827 年）最为著名．不过并不是他所有的创作质量都很高，因此他还曾被人批评"高产而轻率"，这点倒是与数学王子相反．据说，法国科学院《会刊》创刊的时候，由于柯西的作品实在太多，以致于科学院要负担很大的印刷费用，超出科学院的预算．因此，科学院后来规定论文最长只能到四页，柯西较长的论文因而只得投稿到其他地方．

【本章思维框图】

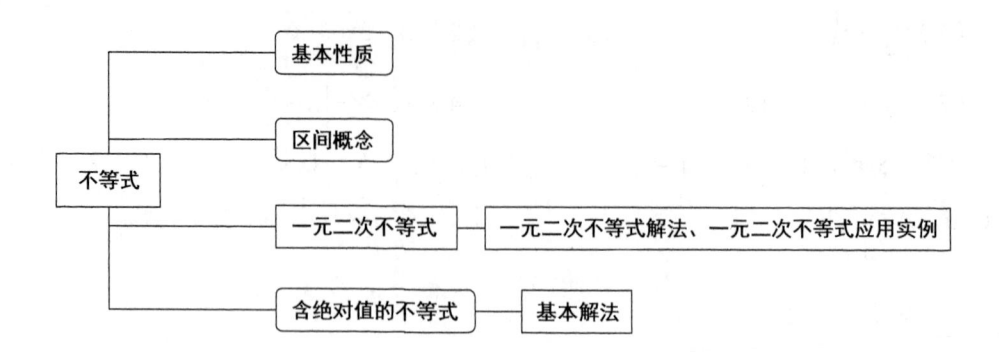

不等式
- 基本性质
- 区间概念
- 一元二次不等式 —— 一元二次不等式解法、一元二次不等式应用实例
- 含绝对值的不等式 —— 基本解法

第三章 函 数

在科学技术、日常生活以及客观世界的许多现象与问题中,都存在着函数关系.函数是数学最基本、最重要的内容之一,它与代数式、方程、不等式等知识联系紧密,是进一步学习数学的重要基础.

现实世界中充满着各种数量的变化,函数是研究各个量之间确定性依赖关系的数学模型.函数的基础知识及其体现的数学思想方法已经渗透到数学的各个领域,并且在现实生活、社会、经济及其他学科中有着广泛的应用.

初中阶段,我们已经学习过正比例函数、反比例函数、一次函数、二次函数等简单的函数的概念、图象和性质.

3.1 函数的概念以及表示方法

学习目标

理解函数的定义；理解函数值的概念及表示；理解函数的三种表示方法；掌握利用"描点法"作函数图象的方法.

【知识链接】

学校商店销售某种果汁饮料，售价每瓶 2.5 元，购买果汁饮料的瓶数与应付款之间具有什么关系呢？

分析 设购买果汁饮料 x 瓶，应付款为 y，则计算购买果汁饮料应付款的算式为
$$y = 2.5x.$$

因为 x 表示购买果汁饮料瓶数，所以 x 可以取集合 $\{0,1,2,3,\cdots\}$ 中的任意一个值，按照算式法则 $y = 2.5x$，应付款 y 有唯一的值与之对应.

两个变量之间的这种对应关系叫作**函数关系**

思考题

问题 1　初中函数的定义是什么？初中学过哪些函数？

问题 2　初中所学习的函数有哪三种表示方法？试举出日常生活中的例子说明.

知识回顾

初中函数的定义：在一个变化过程中，有两个变量 x 和 y，对于 x 的每一个确定的值，y 都有唯一的值与之对应，此时 y 是 x 的函数，x 是自变量，y 是因变量. 表示方法有：解析法、列表法、图象法.

3.1.1 函数的概念

德国有一位著名的心理学家名叫艾宾浩斯（Hermann Ebbinghaus，1850~1909），他以自己为实验对象，共做了163次实验，每次实验连续要做两次无误的背诵．经过一定时间后再重学一次，达到与第一次学会的同样的标准．他通过对自己的测试，得到了一些数据．观察这些数据，可以看出：记忆量 y 是时间间隔 t 的函数，如图3-1所示：

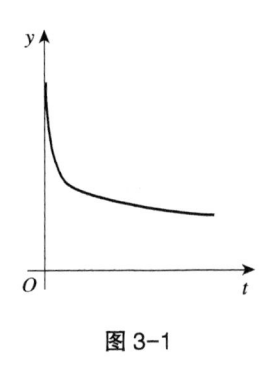

图 3-1

1. 函数的定义

一般地，设 A、B 是两个非空的数集，如果按照某种确定的对应关系 f，使对于集合 A 中的任意一个数 x，在集合 B 中都有唯一确定的数 $f(x)$ 和它对应，那么称 $f:A \rightarrow B$ 为从集合 A 到集合 B 的一个**函数**（function），记作：

$$y = f(x), x \in A$$

其中，变量 x 叫作**自变量**，x 的取值数集 A 叫作函数的**定义域**（domain）．

当 $x = x_0$ 时，函数 $y = f(x)$ 对应的值 y_0 叫作函数 $y = f(x)$ 在点 x_0 处的**函数值**，记作 $y_0 = f(x_0)$．

函数值的集合 $\{y \mid y = f(x), x \in A\}$ 叫作**函数的值域**（range）．

函数的定义域与对应法则一旦确定，函数的值域也就确定了．因此函数的定义域与对应法则叫作**函数的两个要素**．

☞ **注意**

"$y = f(x)$"是函数符号，可以用任意的字母表示，如"$y = g(x)$""$y = h(x)$"，函数符号"$y = f(x)$"中的 $f(x)$ 表示与 x 对应的函数值，是一个数，而不是 f 乘 x．

例1 设一个矩形周长为80，其中一边长为 x，求它的面积关于 x 的函数的解析式，并写出定义域.

分析 由题意知，另一边长为 $\dfrac{80-2x}{2}$，且边长为正数，因此 $0 < x < 40$.

所以，它的面积

$$S = \dfrac{80-2x}{2} \cdot x = (40-x)x \qquad (0 < x < 40)$$

2. 函数的定义域

在研究函数的时候，首先要考虑函数的定义域．在实际问题中，函数的定义域要根据具体问题的实际意义来确定．例如，用 S 来表示半径为 r 的圆的面积，则 $S = \pi r^2$. 这个公式清楚地反映了半径 r 与圆的面积 S 之间的函数关系，这里函数的定义域为 $r \in (0,+\infty)$.

一般地，如果是用数学式子来表示函数，那么函数的定义域就是使这个式子有意义的自变量取值的集合．

☞ **注意**

常见函数的定义域与值域．

函数	解析式		定义域	值域
一次函数	$y = ax + b\ (a \neq 0)$		R	R
二次函数	$y = ax^2 + bx + c$	$a > 0$	R	$\left\{y \middle\| y \geq \dfrac{4ac-b^2}{4a}\right\}$
		$a < 0$	R	$\left\{y \middle\| y \leq \dfrac{4ac-b^2}{4a}\right\}$
反比例函数	$y = \dfrac{k}{x}\ (k \neq 0)$		$\{x \mid x \neq 0\}$	$\{y \mid y \neq 0\}$

例2 求函数的定义域：

(1) $f(x) = \dfrac{1}{x-1}$； (2) $f(x) = \sqrt{x+1}$； (3) $f(x) = \sqrt{x+3} + \dfrac{1}{x+2}$.

分析 如果函数的对应法则是用代数式表示的，那么函数的定义域就是使得这个代数式有意义的自变量的取值集合．

解（1）要使分式 $\dfrac{1}{x-1}$ 有意义，必须使 $x - 1 \neq 0$，解得 $x \neq 1$，所以，这个函数的定义域为 $\{x \mid x \neq 1\}$，即 $(-\infty,1) \cup (1,+\infty)$.

（2）要使根式 $\sqrt{x+1}$ 有意义，必须使 $x + 1 \geq 0$，解得 $x \geq -1$，所以，这个函数的

定义域为 $\{x \mid x \geq -1\}$，即 $[-1,+\infty)$.

（3）要使函数有意义，必须满足根式 $\sqrt{x+3}$ 和分式 $\dfrac{1}{x+2}$ 同时有意义，即自变量 x 的取值需满足 $\begin{cases} x+3 \geq 0, \\ x+2 \neq 0. \end{cases}$ 解得 $-3 \leq x < -2$ 或 $x > -2$，所以，这个函数的定义域为

$\{x \mid -3 \leq x < -2$ 或 $x > -2\}$，即 $[-3,-2) \cup (-2,+\infty)$.

☞ **注意**

已知函数的解析式，求函数的定义域，就是求使得函数解析式有意义的自变量的取值范围，即：

（1）如果 $f(x)$ 是整式，那么函数的定义域是实数集 R．

（2）如果 $f(x)$ 是分式，那么函数的定义域是使分母不等于零的实数的集合．

（3）如果 $f(x)$ 是二次根式，那么函数的定义域是使根号内的式子大于或等于零的实数的集合．

（4）如果 $f(x)$ 是由几个部分的数学式子构成的，那么函数定义域是使各部分式子都有意义的实数集合（即求各部分定义域的交集）．

（5）对于由实际问题的背景确定的函数，其定义域还要受实际问题的制约．

例 3 设 $f(x) = \dfrac{2x-1}{3}$，求 $f(0)$，$f(2)$，$f(-5)$，$f(a)$.

分析 本题是求自变量 $x = x_0$ 时对应的函数值，方法是将 x_0 代入函数表达式求值．

解 $f(0) = \dfrac{2 \times 0 - 1}{3} = -\dfrac{1}{3}$，

$f(2) = \dfrac{2 \times 2 - 1}{3} = 1$，

$f(-5) = \dfrac{2 \times (-5) - 1}{3} = -\dfrac{11}{3}$，

$f(a) = \dfrac{2 \times a - 1}{3} = \dfrac{2a - 1}{3}$.

例 4 指出下列各函数中，哪个与函数 $y = x$ 是同一个函数：

（1）$y = \dfrac{x^2}{x}$；　　（2）$y = \sqrt{x^2}$；　　（3）$y = \sqrt[3]{x^3}$；　　（4）$s = t$.

解（1）函数 $y=\dfrac{x^2}{x}$ 的定义域为 $\{x\mid x\neq 0\}$，函数 $y=x$ 的定义域为 R. 它们的定义域不同，因此不是同一个函数；

（2）函数 $y=\sqrt{x^2}=|x|=\begin{cases}x, & x\geq 0,\\ -x, & x<0.\end{cases}$ 这个函数与 $y=x$ 的定义域相同，都是 R. 但是它们的对应法则不同，因此不是同一个函数；

（3）函数 $y=\sqrt[3]{x^3}=x$ 的定义域为 R，定义域与对应法则都相同，所以它们是同一个函数；

（4）尽管表示两个函数的字母不同，但是定义域与对应法则都相同，所以它们是同一个函数.

例 5 已知函数 $y=1+\sqrt{x-3}$，求它的值域.

解 因为 $\sqrt{x-3}\geq 0$，所以，$y=1+\sqrt{x-3}\geq 1+0=1$，因此，函数的值域为 $[1,+\infty)$.

例 6 已知函数 $f(x+1)=2x+1$，求 $f(2)$.

解 令 $u=x+1$，则 $x=u-1$，所以，$f(u)=2(u-1)+1=2u-1$，因此，$f(x)=2x-1$，故 $f(2)=2\times 2-1=3$.

【巩固基础】

1. 已知函数 $g(t)=2t^2-1$，则 $g(1)=(\quad)$.

　A. -1　　　　B. 0　　　　C. 1　　　　D. 2

2. 函数 $f(x)=\sqrt{1-2x}$ 的定义域是（　　）.

　A. $[\dfrac{1}{2},+\infty)$　　B. $(\dfrac{1}{2},+\infty)$　　C. $(-\infty,\dfrac{1}{2}]$　　D. $(-\infty,\dfrac{1}{2})$

3. 已知函数 $f(x)=2x+3$，若 $f(a)=1$，则 $a=(\quad)$.

　A. -2　　　　B. -1　　　　C. 1　　　　D. 2

4. 函数 $y=x^2$，$x\in\{-2,-1,0,1,2\}$ 的值域是_____.

5. 函数 $y=-\dfrac{2}{x}$ 的定义域是_____，值域是_____.（用区间表示）

6. 求函数的定义域：

（1）$f(x)=\dfrac{1}{x+1}$；　　　　　　　（2）$f(x)=\sqrt{9-x}+\dfrac{1}{\sqrt{x-4}}$.

7. 函数 $y = \dfrac{2x-1}{3x+2}$ 的值域是（ ）．

A. $(-\infty, -\dfrac{1}{3}) \cup (-\dfrac{1}{3}, +\infty)$ B. $(-\infty, \dfrac{2}{3}) \cup (\dfrac{2}{3}, +\infty)$

C. $(-\infty, -\dfrac{1}{2}) \cup (-\dfrac{1}{2}, +\infty)$ D. R

【能力提升】

8. 函数 $f(x) = \sqrt{1-x} + \sqrt{x+3} - 1$ 的定义域是（ ）．

A. [-3,1]   B. (-3,1)   C. R   D. ∅

9. 下列给出的四个图形中，是函数图象的是（ ）．

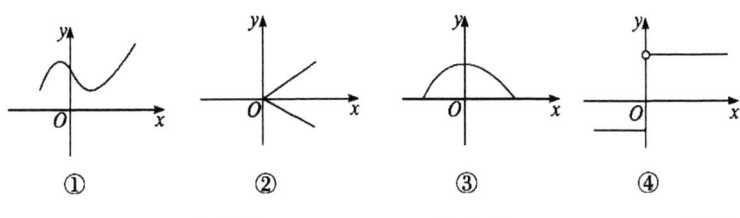

A. ①   B. ①③④   C. ①②③   D. ③④

10. 函数 $f(x) = \sqrt{x+1} + \dfrac{1}{2-x}$ 的定义域用区间表示是_____．

11. 若 $f(x-1) = x^2 - 1$，则 $f(x) =$ _____．

12. 已知 $y = f(t) = \sqrt{t-2}$，$t(x) = x^2 + 2x + 3$．

（1）求 $t(0)$ 的值；

（2）求 $f(t)$ 的定义域；

（3）试用 x 表示 y．

3.1.2 函数的三种表示法

我们在初中已经接触过函数的三种表示法：列表法、解析法、图象法．

1. 列表法

列表法就是列出表格来表示两个变量的函数关系．

例如，观察某城市某一年 8 月 16 日至 8 月 25 日的日最高气温统计表：

日　期	16	17	18	19	20	21	22	23	24	25
最高气温（℃）	29	29	28	30	25	28	29	28	29	30

由表中可以清楚地看出日期 x 和最高气温 y（℃）之间的函数关系.

再如数学用表中的平方表、平方根表、三角函数表，银行里的利息表，列车时刻表等都是用列表法来表示函数关系的.

用列表法表示函数关系的优点：不需要计算就可以直接看出与自变量的值相对应的函数值.

2. 图象法

图象法就是用函数图象表示两个变量之间的函数关系.

为了预测北京的天气情况，数学兴趣小组研究了 2015—2018 年每年某一天的天气情况，图 3-2 是北京市 2018 年 8 月 8 日一天 24 小时内气温随时间变化的曲线图.

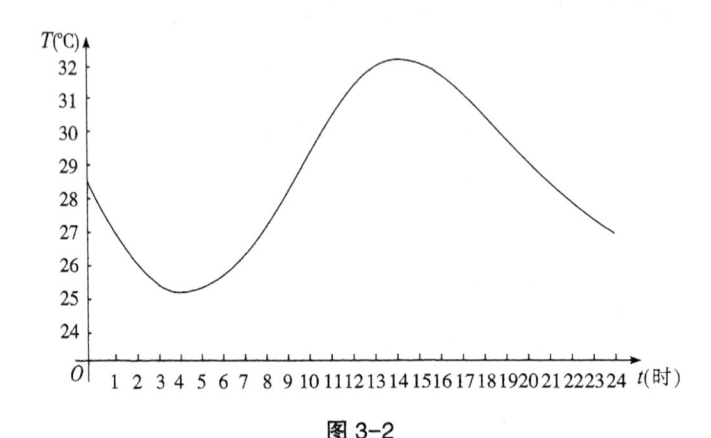

图 3-2

再如我国人口出生率变化的曲线，工厂的生产图象，股市走向图等都是用图象法表示函数关系的.

用图象法表示函数关系的优点：能直观形象地表示出随自变量的变化，及其相应的函数值变化的趋势.

3. 解析法

解析法就是把两个变量的函数关系，用一个等式表示，这个等式叫作函数的解析表达式，简称解析式.

例如，$s=60t^2$，$S=\pi r^2$，$l=2\pi r$，$y=\sqrt{x-3}$ ($x \geq 3$) 等都是用解析式表示函数关系的.

用解析式表示函数关系的优点：一是简明、全面地概括了变量间的关系；二是可以通过解析式求出任意一个自变量的值所对应的函数值.

例 7 文具店内出售某种铅笔，每支售价为 0.12 元，应付款额是购买铅笔数的函数,当购买6支以内(含6支)的铅笔时,请用三种方法表示这个函数.

分析 函数的定义域为{1,2,3,4,5,6},分别根据三种函数表示法的要求表示函数.

解 设 x 表示购买的铅笔数(支),y 表示应付款额(元),则函数的定义域为 {1,2,3,4,5,6}.

(1)根据题意得,函数的解析式为 $y = 0.12x$,故函数的解析法表示为 $y = 0.12x$, $x \in \{1,2,3,4,5,6\}$.

(2)依照售价,分别计算出购买1~6支铅笔所需款额,列成表格,得到函数的列表法表示.

x/支	1	2	3	4	5	6
y/元	0.12	0.24	0.36	0.48	0.6	0.72

(3)以上表中的 x 值为横坐标,对应的 y 值为纵坐标,在直角坐标系中依次作出点(1,0.12),(2,0.24),(3,0.36),(4,0.48),(5,0.6),(6,0.72),得到函数的图象法如图3-3表示.

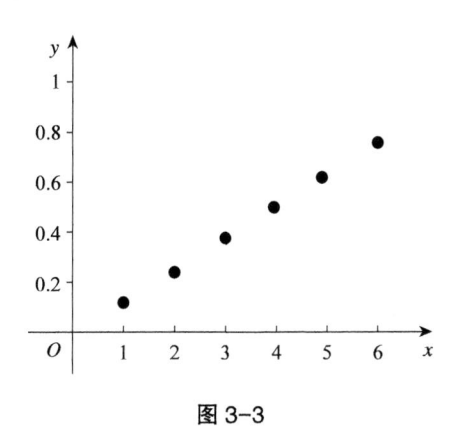

图 3-3

由例7的解题过程可以归纳出"已知函数的解析式,作函数图象"的具体步骤:

(1)确定函数的定义域;

(2)选取自变量 x 的若干值(一般选取某些代表性的值)计算出它们对应的函数值 y,列出表格;

(3)以表格中 x 值为横坐标,对应的 y 值为纵坐标,在直角坐标系中描出相应的点 (x,y);

(4)根据题意确定是否将描出的点联结成光滑的曲线.

这种作函数图象的方法叫作**描点法**.

例 8 利用"描点法"作出函数 $y=\sqrt{x}$ 的图象,并判断点(25,5)是否为图象上的点(求对应函数值时,精确到 0.01).

解(1)函数的定义域为 $[0,+\infty)$.

(2)在定义域内取几个自然数,分别求出对应函数值 y,列表:

x	0	1	2	3	4	5	...
y	0	1	1.41	1.73	2	2.24	...

(3)以表中的 x 值为横坐标,对应的 y 值为纵坐标,在直角坐标系中依次作出点 (x,y). 由于 $f(25)=\sqrt{25}=5$,所以点 $(25,5)$ 是图象上的点.

(4)用光滑曲线联结这些点,得到函数的图象如图 3-4 所示:

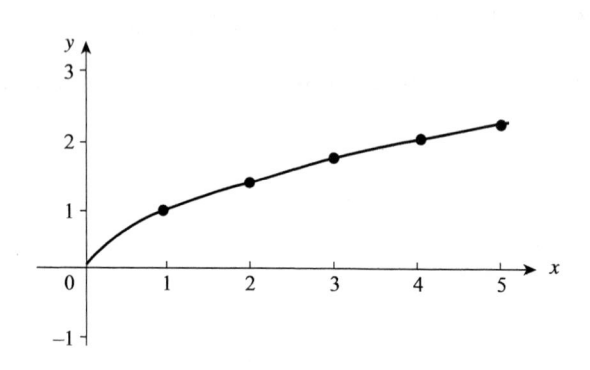

图 3-4

例 9 画出函数 $y=|x|$ 的图象.

分析 化简函数的解析式为基本初等函数.

解 由绝对值的概念,我们有 $y=|x|=\begin{cases} x, & x\geqslant 0, \\ -x, & x<0. \end{cases}$

所以,函数 $y=|x|$ 的图象图 3-5 所示.

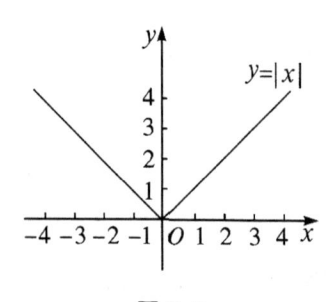

图 3-5

有些函数在其定义域中，对于自变量 x 的不同取值范围，对应关系不同，这样的函数通常称为**分段函数**. 例 9 中的 $y = |x|$ 就是分段函数.

分段函数的表达式因其特点可以分成两个或两个以上的不同表达式，所以它的图象也由几部分构成，有的可以是光滑的曲线段，有的也可以是一些孤立的点或几条线段.

☞ 注意

学习分段函数需要注意以下两点：

（1）分段函数是一个函数，切不可把它看成几个函数. 分段函数在书写时用大括号把各段函数合并写成一个函数的形式，并且必须指明各段函数自变量的取值范围；

（2）一个函数只有一个定义域，分段函数的定义域是自变量 x 的不同取值范围的并集，值域是每段的函数值 y 的取值范围的并集.

例 10 某市"招手即停"公共汽车的票价按下列规则制定：

（1）乘坐汽车 5 千米以内（含 5 千米），票价 2 元；

（2）5 千米以上，每增加 5 千米，票价增加 1 元（不足 5 千米按 5 千米计算），如果某条线路的总里程为 20 千米，请根据题意，写出票价与里程之间的函数解析式，并画出函数的图象.

分析 本例是一个实际问题，有具体的实际意义. 由于里程在不同的范围内，票价有不同的计算方法，故此函数是分段函数.

解 设里程为 x 千米时，票价为 y 元，根据题意得 $x \in (0, 20]$.

由"招手即停"公共汽车票价制定的规定，可得到以下函数解析式：

$$y = \begin{cases} 2, & 0 < x \leqslant 5, \\ 3, & 5 < x \leqslant 10, \\ 4, & 10 < x \leqslant 15, \\ 5, & 15 < x \leqslant 20. \end{cases}$$

根据这个函数解析式，可画出函数图象，如图 3-6 所示.

图 3-6

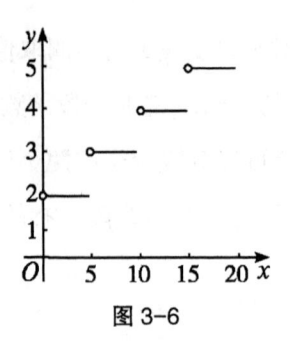

求分段函数的函数值 $f(x_0)$ 时，首先要明确自变量 x_0 的取值属于哪一个范围，然后选取相应的对应关系．例如，在上题中，某人行驶 12 千米的里程，应付票价 $f(12) = 4$ 元．

【巩固基础】

1. 如图，把截面半径为 10 cm 的圆形木头锯成矩形木料，如果矩形的边长为 x，面积为 y，把 y 表示成 x 的函数．

2. 某商场新进了 10 台彩电，每台售价 3000 元，试求售出台数 x 与收款数 y 之间的函数关系，分别用列表法、图象法、解析法表示出来．

3. 某客运公司确定车票价格的方法是：如果行程不超过 100 千米，票价是每千米 0.5 元，如果超过 100 千米，超过部分按每千米 0.4 元定价，则客运票价 y（元）与行程 x（千米）之间的函数关系式是_____．

【能力提升】

4. 函数 $f(x) = |x - 1|$ 的图象是（　　）

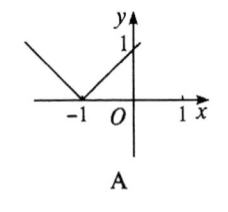

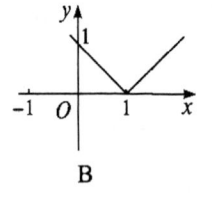

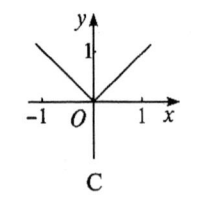

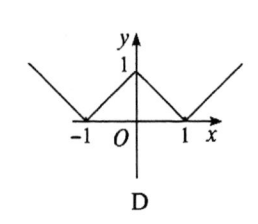

A　　B　　C　　D

5. 已知函数 $f(x) = \begin{cases} x^2, & x > 0, \\ 0, & x \leqslant 0, \end{cases}$ 求 $f(2)$，$f(-3)$ 的值．

6. 某人驱车以 52 千米/时的速度从 A 地驶往 260 千米远处的 B 地，到达 B 地并停留 1.5 小时后，再以 65 千米/时的速度返回 A 地．试将此人驱车走过的路程 s（千米）表示为时间 t 的函数．

阅读空间 3-1

"函数"的由来

"函数"一词最初是由德国的数学家莱布尼茨在 17 世纪首先采用的，当时莱布尼茨用"函数"这一词来表示变量 x 的幂，即 x^2，x^3，…. 接下来莱布尼茨又将"函数"这一词用来表示曲线上的横坐标、纵坐标、切线的长度、垂线的长度等所有与曲线上的点有关的变量. 就这样，"函数"这词逐渐盛行.

在中国，古时候的人将"函"字与"含"字通用，都有着"包含"的意思，清代数学家、天文学家、翻译家和教育家，近代科学的先驱者李善兰给出的定义是："凡式中含天，为天之函数." 中国的古代人还用"天、地、人、物"4 个字来表示 4 个不同的未知数或变量，显然，在李善兰的这个定义中的含义就是"凡是公式中含有变量 x，则该式子叫作 x 的函数." 这样，在中国"函数"是指公式里含有变量的意思.

瑞士数学家雅克·柏努意给出了和莱布尼茨相同的函数定义. 1718 年，雅克·柏努意的弟弟约翰·柏努意给出了如下的函数定义：由任一变数和常数的任意形式所构成的量叫作这一变数的函数. 换句话说，由 x 和常量所构成的任一式子都可称之为关于 x 的函数.

1775 年，欧拉把函数定义为："如果某些变量以某一种方式依赖于另一些变量，即当后面这些变量变化时，前面这些变量也随着变化，我们把前面的变量称为后面变量的函数." 由此可以看到，由莱布尼兹到欧拉所引入的函数概念，都还是和解析表达式、曲线表达式等概念纠缠在一起. 首屈一指的法国数学家柯西引入了新的函数定义："在某些变数间存在着一定的关系，当一经给定其中某一变数的值，其他变数的值也可随之而确定时，则将最初的变数称之为'自变数'，其他各变数则称为'函数'". 在柯西的定义中，首先出现了"自变量"一词.

1834 年，俄国数学家罗巴契夫斯基进一步提出函数的定义："x 的函数是这样的一个数，它对于每一个 x 都有确定的值，并且随着 x 一起变化. 函数值可以由解析式给出，也可以由一个条件给出，这个条件提供了一种寻求全部对应值的方法. 函数的这种依赖关系可以存在，但仍然是未知的." 这个定义指出了对应关系，即条件的必要性，利用这个关系可以求出每一个 x 的对应值.

1837 年德国数学家狄里克雷认为怎样去建立 x 与 y 之间的对应关系是无关紧要的，

所以他的定义是:"如果对于 x 的每一个值,y 总有一个完全确定的值与之对应,则 y 是 x 的函数." 德国数学家黎曼引入了函数的新定义:"对于 x 的每一个值,y 总有完全确定了的值与之对应,而不拘建立 x,y 之间的对应方法如何,均将 y 称为 x 的函数."

由上面函数概念的演变,我们可以知道,函数的定义必须抓住函数的本质属性,变量 y 称为 x 的函数,只需有一个法则存在:使得这个函数取值范围中的每一个值,有一个确定的 y 值和它对应就行了,不管这个法则是公式或图象或表格或其他形式.由此,就有了我们课本上的函数的定义:一般地,在一个变化过程中,如果有两个变量 x 与 y,并且对于 x 的每一个确定的值,y 都有唯一确定的值与其对应,那么我们就说 x 是自变量,y 是 x 的函数.

3.2 函数的单调性

学习目标

理解函数单调性的定义与几何特征；初步掌握函数单调性的判定方法．

【知识链接】

下图为股市中，某股票在半天内的行情，请描述此股票的涨幅情况．

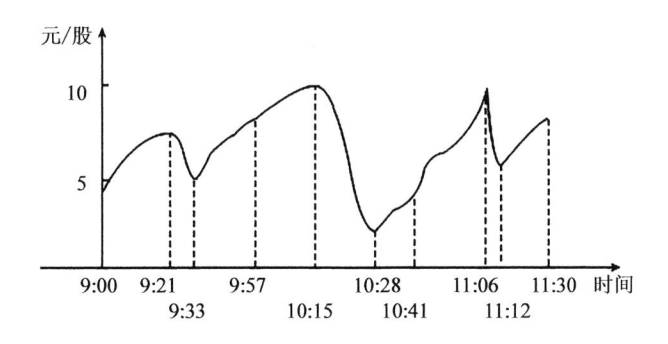

从上图可以看到，有些时候该股票的价格随着时间推移在上涨，即时间增加股票价格也上升；有时该股票的价格随着时间推移在下跌，即时间增加股票价格反而下降．

思考题

问题　结合正比例函数、反比例函数、一元二次函数的图象，描述函数图象的"上升"与"下降"？

课前预习

在图中，画出下列函数的图象，观察其变化规律：

（1）$y = x$：从左至右图象是_____（上升/下降）？在区间_____上，随着 x 的增大，$f(x)$ 的值_____．

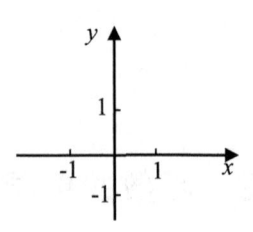

（2）$y = -x + 1$：从左至右图象是_____（上升/下降）？在区间_____上，随着 x 的增大，$f(x)$ 的值_____.

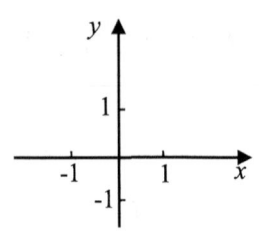

（3）$y = x^2$ 在区间_____上，随着 x 的增大，$f(x)$ 的值_____. 在区间_____上，随着 x 的增大，$f(x)$ 的值_____.

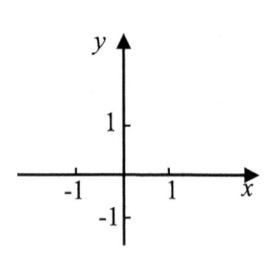

这种在某个区间上，函数值随自变量的增大而增大（或减小）的性质叫作函数的**单调性**.

一般地，设函数 $y = f(x)$ 在区间 I 上有意义.

（1）在区间 I 内，随着自变量的增加，函数值不断增大，图象呈上升趋势. 即对于任意的 $x_1, x_2 \in I$，当 $x_1 < x_2$ 时，都有 $f(x_1) < f(x_2)$ 成立. 这时把函数 $f(x)$ 叫作区间 I 内的**增函数**（increasing function），区间 I 叫作函数 $f(x)$ 的**增区间**，如图 3-7 所示.

（2）在区间 I 内，随着自变量的增加，函数值不断减小，图象呈下降趋势. 即对于任意的 $x_1, x_2 \in I$，当 $x_1 < x_2$ 时，都有 $f(x_1) > f(x_2)$ 成立. 这时函数 $f(x)$ 叫作区间 I 内的**减函数**（decreasing function），区间 I 叫作函数 $f(x)$ 的**减区间**. 如图 3-8 所示.

图 3-7　　　　　　　　　图 3-8

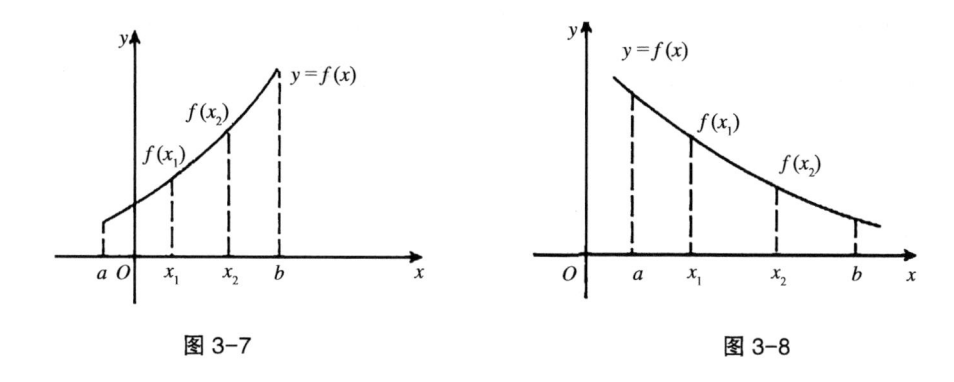

如果函数 $f(x)$ 在区间 I 上是增函数（或减函数），那么，就称函数 $f(x)$ 在区间 I 上具有单调性，区间 I 叫作函数 $f(x)$ 的**单调区间**.

例如，$y = x$ 在区间 $(-\infty, +\infty)$ 上是增函数，$y = -x + 1$ 在区间 $(-\infty, +\infty)$ 上是减函数. $y = x^2$ 在区间 $(-\infty, 0]$ 上是减函数，在区间 $[0, +\infty)$ 上是增函数.

☞ **注意**

（1）函数单调性的几何特征：在自变量取值区间上，顺着 x 轴的正方向，若函数的图象上升，则函数为增函数；若图象下降，则函数为减函数.

（2）单调性是对定义域内某个区间而言的，离开了定义域和相应区间就谈不上单调性.

（3）有的函数在整个定义域内单调（如一次函数），有的函数只在定义域内的某些区间单调（如二次函数），有的函数根本没有单调区间（如常函数）.

例 1 如图 3-9 是定义在区间 $[-5, 5]$ 上的函数 $y = f(x)$，根据图象说出函数的单调区间，以及在每一单调区间上，它是增函数还是减函数？

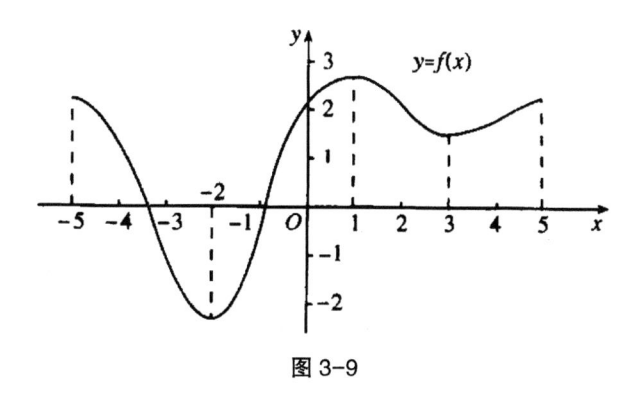

图 3-9

解 函数 $y=f(x)$ 的增区间为 $[-2,1]$ 和 $[3,5]$，减区间为 $[-5,-2]$ 和 $[1,3]$；

函数 $y=f(x)$ 在区间 $[-2,1]$ 和 $[3,5]$ 上是增函数；在区间 $[-5,-2]$ 和 $[1,3]$ 是减函数．

☞ **注意**

利用定义判断函数 $y=f(x)$ 在区间 I 上单调性的步骤：

（1）取值：在给定区间 I 上任意取 x_1,x_2，且 $x_1<x_2$；

（2）作差：$f(x_1)-f(x_2)$；

（3）定号：确定 $f(x_1)-f(x_2)$ 的符号；

（4）判断：若 $f(x_1)-f(x_2)<0$，则函数在区间 I 上为增函数；若 $f(x_1)-f(x_2)>0$，则函数在区间 I 上为减函数．

例 2 小明从家里出发，去学校取书，顺路将自行车送还王伟同学．小明骑了 30 分钟自行车，到王伟家送还自行车后，又步行 10 分钟到学校取书，最后乘公交车经过 20 分钟回到家．这段时间内，小明离开家的距离 s 与时间 t 的关系如图 3-10 所示．请指出这个函数的单调性．

分析 对于用图象法表示的函数，可以通过对函数图象的观察来判断函数的单调性，从而得到单调区间．

解 由图象可以看出，函数的增区间为 $[0,40]$；减区间为 $[40,60]$．

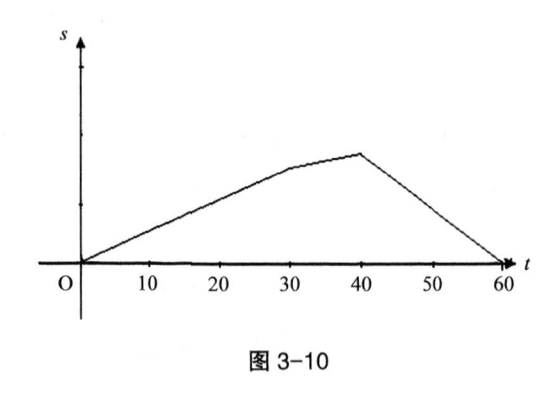

图 3-10

例 3 判断函数 $y=4x-2$ 的单调性．

分析 对于用解析式表示的函数，其单调性可以通过定义来判断，也可以作出函数的图象，通过观察图象来判断．无论采用哪种方法，都要先确定函数的定义域．

解法1 函数为一次函数，定义域为 $(-\infty,+\infty)$，其图象为一条直线．确定图象上的两个点即可作出函数图象如图 3-11．列表如下：

x	0	1
y	-2	2

在直角坐标系中，描出点 $(0,-2)$，$(1,2)$，作出经过这两个点的直线．观察图象知函数 $y = 4x - 2$ 在 $(-\infty,+\infty)$ 内为增函数．

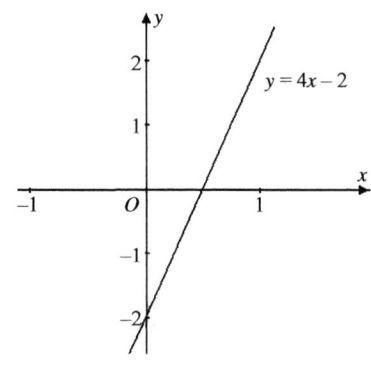

图 3-11

解法2 对于任意的 $x_1, x_2 \in (-\infty, +\infty)$，假设 $x_1 < x_2$，则

$f(x_1) - f(x_2) = 4x_1 - 2 - (4x_2 - 2) = 4(x_1 - x_2)$

∵ $0 < x_1 < x_2$，∴ $x_1 - x_2 < 0$，因此

$f(x_1) - f(x_2) < 0$，即 $f(x_1) < f(x_2)$，

所以，$y = 4x - 2$ 在定义域 $(-\infty,+\infty)$ 内为增函数．

例4 判断函数 $y = \dfrac{1}{x}$ 在 $(-\infty, 0)$ 上的单调性．

解 对于任意的 $x_1, x_2 \in (-\infty, 0)$ 假设 $x_1 < x_2$，则

$$f(x_1) - f(x_2) = \dfrac{1}{x_1} - \dfrac{1}{x_2} = \dfrac{x_2 - x_1}{x_1 x_2}$$

∵ $x_1 < x_2 < 0$，∴ $x_2 - x_1 > 0$，$x_1 x_2 > 0$，因而

$$\dfrac{x_2 - x_1}{x_1 x_2} > 0$$

于是，$f(x_1) - f(x_2) > 0$，即 $f(x_1) > f(x_2)$，

所以，函数 $y = \dfrac{1}{x}$ 在 $(-\infty, 0)$ 上为减函数．

【巩固基础】

1. 函数 $f(x) = 2x$ 在 $(-1,2)$ 上为（　　）．

   A. 减函数　　　　B. 增函数　　　　C. 先增后减的函数　　D. 先减后增的函数

2. 如果函数 $f(x) = kx + b$ 在 R 上单调递减，则（　　）．

   A. $k > 0$　　　　B. $k < 0$　　　　C. $b > 0$　　　　D. $b < 0$

3. 在区间 $(-\infty, 0)$ 上为增函数的是（　　）．

   A. $y = -2x$　　　B. $y = \dfrac{2}{x}$　　　C. $y = |x|$　　　D. $y = -x^2$

4. 函数 $f(x) = x^2 - 2x$ 的单调增区间是（　　）．

   A. $(-\infty, 1]$　　B. $[1, +\infty)$　　C. R　　　D. 不存在

5. 证明函数 $y = \dfrac{3}{x}$ 在 $(0, +\infty)$ 上是减函数．

【能力提升】

6. 已知函数图象如下图所示．

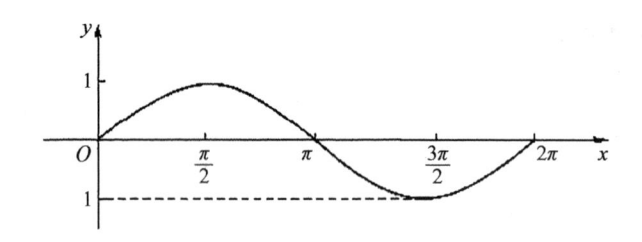

（1）根据图象说出函数的单调区间以及函数在各单调区间内的单调性．

（2）写出函数的定义域和值域．

7. 函数 $y = |x + 2|$ 的单调递增区间为_____．

8. 探究函数 $y = x + \dfrac{1}{x}$ 的单调性．

📖 **阅读空间 3-2**

反函数的概念

在函数的定义中有两个变量，一个是自变量，一个是自变量的函数．但在实际问题中，究竟把哪一个变量作为自变量是根据实际需要确定的．例如，物体做匀速直线运动，位移 s 是时间 t 的函数：$s = vt$，其中，速度 v 是常量，t 是自变量，s 是因变量．反

过来，也可以由位移 s 和速度 v（常量）来确定物体做匀速直线运动的时间，即 $t = \dfrac{s}{v}$，此时，s 是自变量，时间 t 是因变量．

一般地，设函数 $y = f(x)$，其定义域为 D，值域为 M．如果对于任一 $y \in M$，都可以由关系式 $y = f(x)$ 确定唯一的 x 值（$x \in D$）与之对应，那么就确定了一个以 y 为自变量的函数 $x = \varphi(y)$，我们把它称为函数 $y = f(x)$ 的反函数．记为 $x = f^{-1}(y)$，它的定义域为 M，值域为 D．但是，习惯上常用 x 表示自变量，y 表示因变量，为此互换函数式 $x = f^{-1}(y)$ 中的字母 x，y，把它写成 $y = f^{-1}(x)$．

例如，函数 $y = 2x + 1$，从中解出 $x = \dfrac{y-1}{2}$ 就是函数 $y = 2x + 1$ 的反函数，互换 $x = \dfrac{y-1}{2}$ 中的字母 x，y，得到 $y = 2x + 1$ 的反函数 $y = \dfrac{x-1}{2}$．

利用几何画板 v5.05，在同一个坐标系下，画出函数 $y = 2x + 1$ 和其反函数 $y = \dfrac{x-1}{2}$ 的图象如下图所示：

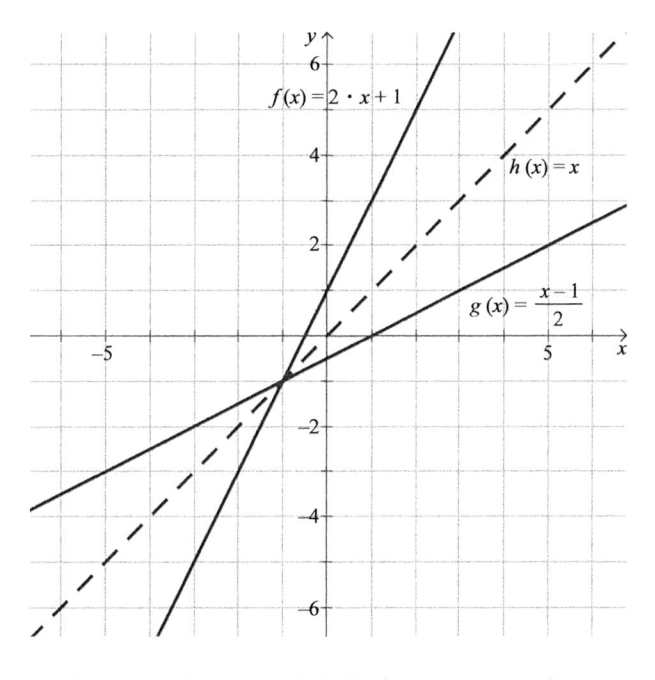

应当注意，不是每个函数在其定义域内都有反函数，只有当函数的反对应关系是单值时才有反函数．例如，函数 $y = x^2$，定义域为 $(-\infty, +\infty)$，由表达式解得 $x = \pm\sqrt{y}$，说明这个函数的反对应关系不是单值的，所以函数 $y = x^2$ 在 $(-\infty, +\infty)$ 上没有反函数，但是若限定 $x \in (0, +\infty)$ 时，讨论函数 $y = x^2$，这时反对应关系为 $x = \sqrt{y}$ 是单值的，所以有反

— 81 —

函数 $y = \sqrt{x}$.

一般地,函数 $y = f(x)$ 与其反函数 $y = f^{-1}(x)$ 的图象关于 $y = x$ 对称.

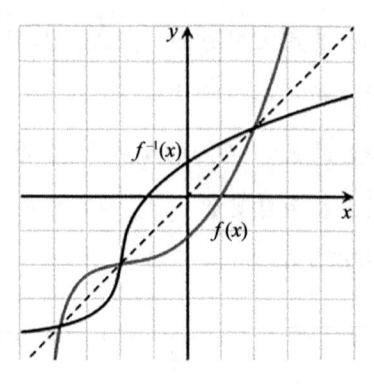

3.3 函数的奇偶性

学习目标

了解函数奇偶性的定义、几何特征及判定方法.

【知识链接】

初中平面几何中，我们曾经学习了有关轴对称图形和中心对称图形的知识，我国古代的建筑，充分体现出图形的对称美.

思考题

问题　两个分别关于 x 轴、y 轴或原点 O 对称的点，其坐标各具有什么特征呢？

知识回顾

一般地，设点 $P(a,b)$ 为平面上的任意一点，则

（1）点 $P(a,b)$ 关于 x 轴的对称点的坐标为 $(a,-b)$；

（2）点 $P(a,b)$ 关于 y 轴的对称点的坐标为 $(-a,b)$；

（3）点 $P(a,b)$ 关于原点 O 的对称点的坐标为 $(-a,-b)$.

课前预习

函数 $f(x)=x^2$ 和 $f(x)=\dfrac{1}{x^2}$ 的图象分别如图 3-12 和图 3-13 所示，观察图象并总结各函数之间的共性．

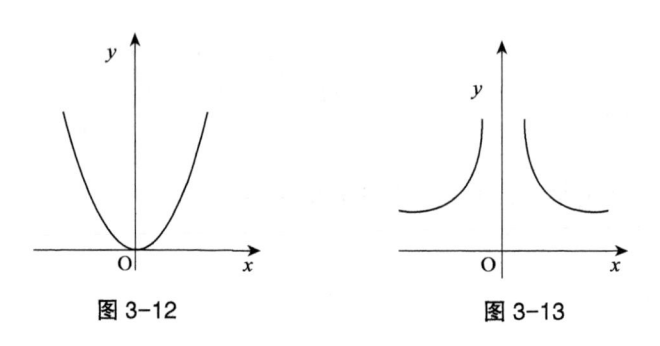

图 3-12　　　　　　图 3-13

通过观察，我们发现，函数 $f(x)=x^2$ 和 $f(x)=\dfrac{1}{x^2}$ 的图象都是关于 y 轴对称的，即若点 $(x,f(x))$ 在函数图象上，则相应的点 $(-x,f(x))$ 也在函数图象上．那么，我们如何利用函数解析式描述函数图象的这个特征呢？

例如，$f(x)=x^2$，对于 R 内的任意一个 x，有 $f(-x)=f(x)$.

一般地，设函数 $y=f(x)$ 的定义域为数集 D，对任意的 $x\in D$，都有 $-x\in D$（即定义域关于坐标原点对称），

（1）如果 $f(-x)=f(x)$，则称函数 $f(x)$ 为定义域 D 内的**偶函数**（even function）；

（2）如果 $f(-x)=-f(x)$，则称函数 $f(x)$ 为定义域 D 内的**奇函数**（odd function）.

如果一个函数是奇函数或偶函数，那么，就说这个函数具有奇偶性．不具有**奇偶性**的函数叫作**非奇非偶函数**.

例如，函数 $f(x)=x^2$、$f(x)=\dfrac{1}{x^2}$ 都是偶函数，$f(x)=x^3$、$f(x)=\dfrac{1}{x}$ 都是奇函数．

一个函数是**偶函数**的充要条件是，它的图象关于 y **轴**对称．

一个函数是**奇函数**的充要条件是，它的图象关于**原点**对称．

注意

判断一个函数是否具有奇偶性的基本步骤是：

（1）求出函数的定义域，如果对于任意的 $x\in D$ 都有 $-x\in D$（即定义域关于坐标

原点对称），则分别计算出 $f(x)$ 与 $f(-x)$，然后根据定义判断函数的奇偶性.

（2）如果存在某个 $x \in D$，但是 $-x \notin D$，则函数肯定是非奇非偶函数.

当然，对于用图象法表示的函数，可以通过对图象对称性的观察判断函数是否具有奇偶性.

例1 判断下列函数的奇偶性：

（1）$f(x) = x^3$；　　　　（2）$f(x) = 2x^2 + 1$；

（3）$f(x) = \sqrt{x}$；　　　　（4）$f(x) = x - 1$.

分析 需要依照判断函数奇偶性的基本步骤进行.

解 （1）函数 $f(x) = x^3$ 的定义域为 $(-\infty, +\infty)$，是关于原点对称的区间，且 $f(-x) = (-x)^3 = -x^3 = -f(x)$，所以 $f(x) = x^3$ 是奇函数；

（2）$f(x) = 2x^2 + 1$ 的定义域为 $(-\infty, +\infty)$，是关于原点对称的区间，且 $f(-x) = 2(-x)^2 + 1 = 2x^2 + 1 = f(x)$，所以函数 $f(x) = 2x^2 + 1$ 是偶函数；

（3）$f(x) = \sqrt{x}$ 的定义域是 $[0, +\infty)$，不是一个关于原点对称的区间，所以函数 $f(x) = \sqrt{x}$ 是非奇非偶函数；

（4）$f(x) = x - 1$ 的定义域为 $(-\infty, +\infty)$，是关于原点对称的区间，且 $f(-x) = (-x) - 1 = -x - 1$，由于 $f(-x) \neq f(x)$，并且 $f(-x) \neq -f(x)$，所以函数 $f(x) = x - 1$ 是非奇非偶函数.

☞ **注意**

函数奇偶性的常用结论：

（1）如果一个奇函数 $f(x)$ 在 $x = 0$ 处有意义，则这个函数在 $x = 0$ 处的函数值一定为 0；

（2）奇函数在对称的单调区间内有相同的单调性，偶函数在对称的单调区间内有相反的单调性.

【巩固基础】

1. 举出一个偶函数的例子，使它在 $(0, +\infty)$ 上是减函数；举出一个奇函数的例子，使它在 $(0, +\infty)$ 上是增函数.

2. 判断下列函数的奇偶性:

（1）$f(x) = x^4, x \in [2,4]$；　　（2）$f(x) = x^2 + 1$；　　（3）$f(x) = x^{2019}$；

（4）$f(x) = x^3 + 2$；　　（5）$f(x) = x^2 + 2x$；　　（6）$f(x) = x + \dfrac{1}{x}$.

【能力提升】

3. 函数 $f(x) = x|x|$ 是（　　）.

A. 偶函数且是增函数　　　　　　B. 偶函数且是减函数

C. 奇函数且是增函数　　　　　　D. 奇函数且是减函数

4. 已知 $f(x)$ 是定义 $(-\infty, +\infty)$ 上的奇函数，且 $f(x)$ 在 $[0, +\infty)$ 上是减函数．下列关系式中正确的是（　　）

A. $f(5) > f(-5)$　　　　　　B. $f(4) > f(3)$

C. $f(-2) > f(2)$　　　　　　D. $f(-8) = f(8)$

5. 设函数 $f(x) = \dfrac{1+x^2}{1-x^2}$.

（1）求它的定义域；

（2）判断它的奇偶性；

（3）求证：$f\left(\dfrac{1}{x}\right) = -f(x)$；

（4）求证：$f(x)$ 在 $[1, +\infty)$ 上递增.

6. 设 $f(x)$ 在 R 上是奇函数，当 $x > 0$ 时，$f(x) = x(1-x)$，试问：当 $x < 0$ 时，$f(x)$ 的表达式是什么？

阅读空间 3-3

数学家华罗庚

1910 年，华罗庚出生在江苏金坛县一个小商人的家庭里．父亲开了一家杂货铺，由于他文化不高，算账时常常出现差错，吃了不少的亏．因此，他发誓一定要让华罗庚进学堂读书．华罗庚真正喜欢上数学跟一位老师有关．那时，他正在县立初级中学读书．由于学校师资不够，便从外地调来一位老师，担任华罗庚班里的数学课老师．新来的老师姓王，王老师精通数学，课讲得生动有趣．有一次，王老师出了一道被称为孙子定理的数学题,他说:今有一个数字不知道是多少,用三除剩二,用五除剩三,用七除剩二,问这个数究竟是多少?王老师的话音刚落,华罗庚张口就报出了答案,还把解题过程说得清清楚楚.听完之后,王老师不住地点头,夸华罗庚用的方法巧.

通过这件事,王老师敏锐地感觉到华罗庚有异于常人的数学天分.在此后的教学中,他经常找一些数学竞赛题让华罗庚做.在别的同学看来,做数学竞赛题是一种高强度的脑力活动,一道题做下来,不知要损耗多少脑细胞.可华罗庚却不这么认为,他将做竞赛题看作一种乐趣,越是难做的题,他从中获得的乐趣越大.在王老师的引领下,他叩开了数学王国之门.华罗庚读完初中后,由于父亲的生意接连亏本,家境大不如前,只得辍学回家,到父亲的杂货铺当起了店员.杂货铺的生意要是不多,华罗庚便趁着空闲的时间,开始自学高中的课程.见顾客进来买东西,他就过去招呼生意.等顾客一走,他继续做他的算数题.

有时候,他算起数学题来,就将周围的一切都忘记了.顾客进店来买东西,连问他几声价钱,他没有丝毫的反应,还沉浸在自己的算术题中.顾客见状,气得甩手就走.有一次,一个中年妇女买了一包糖,问华罗庚要付多少钱.不料,他张口就把刚演算出的数学题得数报了出来,顾客一听,丢开那包糖,掉头就跑了,甩出一句:即使是金子也没这么贵吧!华罗庚抬头看,见顾客没了踪影,又埋下头继续演算.时间一长,大伙就给他起了个绰号,叫罗呆子.由于经常怠慢顾客,店里的生意越来越少,为此他没少挨父亲的责骂.可无论父亲怎么说,华罗庚还是我行我素.有一次,华罗庚怠慢了店里的一个老顾客,父亲见到后,气得暴跳如雷,抓起他的书本,强行要烧掉.华罗庚就死死抱着书不放.父亲拿他一点办法也没有.

1929年,一场瘟疫席卷了金坛县.华罗庚不幸患上了可怕的伤寒病,一连几天持续发高烧.由于缺乏医学常识,护理不当,他身体上留下了残疾,左腿关节变形.病好之后,华罗庚走路时,左腿先划个大圆圈,右腿再跨出一小步,样子看起来十分古怪.见儿子残疾了,父母开始忧虑起他以后的生活来.可华罗庚却十分乐观,他说:我要用健全的头脑,代替不健全的双腿!19岁那年,华罗庚在翻看一本数学杂志时,发现一位数学教授的论文存在一个严重的错误,就当即开始研究起那个错误.经过一番的演算和整理,他发表了自己的论文《苏家驹之代数的五次方程式解法不能成立之理由》.这篇论文被刊登在上海出版的《科学》杂志上之后,引起了数学界的巨大轰动.

在清华大学里,任数学系主任的熊庆来教授看了这篇论文后,就问其他的老师:

这个华罗庚是谁？老师们面面相觑，谁也没听说过华罗庚这个人．经过多方的打听后，才知道华罗庚是一个十九岁的店员．熊庆来不无感慨地说，这个年轻人真不简单啊！应该请他来清华深造．于是，他当即给华罗庚写了一封邀请信．华罗庚简直不敢相信自己能够来到清华，清华的师资、教学、图书资源等各方面都是国内顶尖的，他抓住这难得的学习机会，常常去旁听大学教授讲课．仅用了两年的时间，他就攻读下普通学生要8年才能读完的课程．除此之外，他还自学了英语、德语、法语等几门外语．鉴于华罗庚超乎常人的表现，清华大学破格提升他为助教．

1936年，华罗庚被清华大学保送到英国剑桥大学进修．在进修期间，他在美、日等国的数学杂志上，接连发表了十几篇论文，引起了国际数学界的关注，他一下成了闻名世界的学者．两年之后，华罗庚回到祖国．当时正值抗日战争时期，他到西南联合大学担任教授．当时的生活条件十分艰苦，他一家7口就挤在两间牛棚似的小阁楼里，全家靠他微薄的薪水度日．白天，他拖着病腿去学校上课；晚上，则在昏暗的菜油灯下进行研究工作．就在如此艰苦的条件下，华罗庚刻苦钻研，写出了著名的论文《堆垒素数论》，这篇论文成为20世纪经典数论著作之一．1946年，华罗庚奔赴美国，担任普林斯顿数学研究所的研究员，并兼任伊利诺伊大学的教授．

在美期间，他的年薪达两万美元，而且还有小洋楼和汽车．可华罗庚常说：梁园虽好，非久居之所！话语之中，显示出他对祖国的思念之情．中华人民共和国成立后，华罗庚克服了美国政府设置的种种困难，毅然带着全家回到了祖国的怀抱．当时，一位美国教授意味深长地说：如果华罗庚不回到中国，中国的数学还要继续在黑暗中摸索！回国之后，华罗庚在清华大学执教．凭着一颗赤诚的爱国之心，他开始为祖国的数学研究贡献自己的力量．从他回国的那一天起，他屋里的灯总会亮到深夜．即使躺在床上，他脑子还是在不停地思考，一有新想法，便立即下床，写出自己的心得．那个时候，由于整日整日地演算，他房间里的桌子上、床上、地板上，到处都堆满了演算的稿纸．

1956年，华罗庚发表论文《典型域上的调和分析》，他因此荣获了中国中科院科学金奖．之后，他又发表倾注多年心血的巨著《数论导引》，引起国内外数学界的强烈轰动．除此之外，他还和万哲先合著了《典型群》一书．1958年，华罗庚担任中国科技大学的副校长，并兼任应用数学系的主任．在那时起，他开始尝试寻找一条数学和工农业实践相结合的道路．经过一段时间的研究，他发现数学中的统筹法和优选法，可以普遍运用到工农业生产当中，既可以提高工作效率，又能改变工作管理面貌．因此，他写出了《统筹方法平话及补充》《优选法平话及其补充》等书．此后，他亲自带领中国科技大学的师生，到田间、工厂去推广和应用双法．在近20年的时间里，他走遍了中国20多个省市自治区，行程10万多公里，夏去江汉斗酷暑，冬往松辽傲冰霜就是他当年的生活写照．

　　1984年，华罗庚当选为美国科学院外籍院士．1985年，华罗庚因病去世．华罗庚是当代自学成才的科学巨匠，是世界著名的数学家，是中国最早把数学理论研究和生产实践相结合，并作出巨大贡献的科学家．他被列为芝加哥科学技术博物馆中当今世界88位数学伟人之一．美国著名数学家贝特曼著文称：华罗庚是中国的爱因斯坦，足够成为全世界著名科学院的院士．

3.4 函数的应用实例

学习目标 ▶▶▶

掌握从实际问题中抽象出分段函数模型解决简单实际问题的方法.

【知识链接】

2018 年 6 月 19 日，个人所得税法修正案草案提请十三届全国人大常委会第三次会议审议，这是个税法自 1980 年出台以来第七次大修. 全国人大常委会关于修改个人所得税法的决定草案 2018 年 8 月 27 日提请十三届全国人大常委会第五次会议审议. 依据决定草案，基本减除费用标准拟确定为每年 6 万元，即每月 5000 元，3%~45% 的新税率级距不变. 参见下表

级数	全月应纳税所得额	税率
1	不超过 5000 元	0
2	超过 5000~8000 元的部分	3%
3	超过 8000~17000 元的部分	10%
4	超过 17000~30000 元的部分	20%
5	超过 30000~40000 元的部分	25%
6	超过 40000~60000 元的部分	30%
7	超过 60000~85000 元的部分	35%
8	超过 85000 元的部分	45%

根据上述表格，现在网络上已经出现了几种不同版本的"个人所得税计算软件"，只要输入应纳税所得额，利用软件立刻显示应缴税额，使得个人所得税的计算，成为一件非常容易的事情.

由此看到，函数模型在生活和工作中是多么重要，特别是信息化时代，利用计算机软件可以使得一些复杂问题变得简单容易，使我们生活更加丰富多彩.

思考题

问题 试举出两个和函数模型有关的实际例题,并进行简单分析.

一般地,把现实世界中的实际问题加以提炼,抽象为数学模型,求出模型的解,验证模型的合理性,并用该数学模型所提供的解答来解释现实问题,我们把数学知识的这一应用过程称为**数学建模**(Mathematical Modelling).

注意

对于现实中的原型,为了某个特定目的,作出一些必要的简化和假设,运用适当的数学工具得到一个数学结构.也可以说,数学建模是利用数学语言(符号、式子与图象)模拟现实的模型.把现实模型抽象、简化为某种数学结构是数学模型的基本特征.它或者能解释特定现象的现实状态,或者能预测到对象的未来状况,或者能提供处理对象的最优决策或控制.

例1 我国是一个缺水的国家,很多城市的生活用水远远低于世界的平均水平.为了加强公民的节水意识,某城市制定每户月用水收费(含用水费和污水处理费)标准:

用水量	不超过10m³部分	超过10m³部分
收费(元/m³)	1.30	2.00
污水处理费(元/m³)	0.30	0.80

试写出每户每月用水量 $x(m^3)$ 与应交水费 y(元)之间的解析式.

分析 由表中看出,在用水量不超过 $10(m^3)$ 的部分和用水量超过 $10(m^3)$ 的部分的计费标准是不相同的.因此,需要分别在两个范围内来进行研究.

解 分别研究在两个范围内的对应法则,列出下表:

用水量 x (m³)	$0 < x \leqslant 10$	$x > 10$
交水费 y (元)	$y = (1.3 + 0.3)x$	$y = 1.6 \times 10 + (2.0 + 0.8) \times (x - 10)$

因此,每户每月用水量 $x(m^3)$ 与应交水费 y(元)之间的解析式写作:

$$y = f(x) = \begin{cases} 1.6x, & 0 < x \leqslant 10, \\ 2.8x - 12, & x > 10. \end{cases}$$

例2 某超市为了获取最大利润做了一番试验,若将进货单价为8元的商品按10元一件的价格出售时,每天可销售60件.现在采用提高销售价格减少进货量的办法增加利润,已知这种商品每涨1元,其销售量就要减少10件,问该商品售价定为多少时才能赚取利润最大,并求出最大利润.

分析 引进数学符号,建立函数关系式:利润=(售价-进价)×销售量.

解 设商品售价定为 x 元时,利润为 y 元,则建立函数关系式如下:

$$y = (x-8)[60-(x-10)\times 10], \text{其中} 10 < x < 16.$$

整理可得

$$y = -10(x-12)^2 + 160, \text{其中} 10 < x < 16.$$

因此,当且仅当 $x = 12$ 时,y 有最大值160元,即售价定为12元时可获最大利润160元.

例3 动物园要建造一面靠墙的两间一样大小的长方形动物笼舍,如图3-14所示,可供建造围墙的材料总长为30m,问每间笼舍的宽度 x 为多少时,才能使得每间笼舍面积 y 达到最大?每间最大面积为多少?

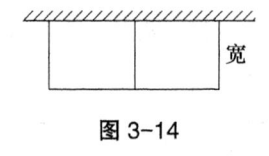

图3-14

分析 读题 → 提取信息 → 建模 → 解模 → 实际问题

解 由题意知笼舍的宽为 x m,则笼舍的总长为 $(30-3x)$ m,每间笼舍的面积为

$$y = \frac{1}{2}x \cdot (30-3x) = -\frac{3}{2}(x-5)^2 + 37.5, \text{其中} 0 < x < 10$$

因此,当且仅当 $x = 5$ 时,y 取得最大值37.5,即每间笼舍的宽度为5m时,每间笼舍面积 y 达到最大,最大面积为37.5m².

【巩固基础】

1. 某城市出租汽车收费标准为:当行程不超过3km时,收费7元;行程超过3km,但不超过10km时,在收费7元的基础上,超过3km的部分每公里收费1.0元;超过10km时,超过部分除每公里收费1.0元外,再加收50%的回程空驶费.试求车费 y(元)与 x(公里)之间的函数解析式,并作出函数图象.

2. 将进货单价40元的商品按50元一个售出时,能卖出500个,若此商品每个涨价1元,其销售量减少10个,为了赚到最大利润,售价应定为多少?

【能力提升】

3. 把长为12厘米的细铁丝截成两段,各自围成一个正三角形,那么这两个正三角形面积之和的最小值是（　　）.

A. $\frac{3}{2}\sqrt{3}$ cm² 　　B. 4 cm² 　　C. $3\sqrt{2}$ cm² 　　D. $2\sqrt{3}$ cm²

4. 某公司在甲乙两地同时销售一种品牌车,利润（单位：万元）分别为: $L_1 = -x^2 + 21x$ 和 $L_2 = 2x$,其中销售量单位：辆. 若该公司在两地共销售15辆,则能获得的最大利润为（　　）.

A. 90万元　　B. 120万元　　C. 120.25万元　　D. 60万元

5. 如图3-15所示,把截面半径为25cm的图形木头锯成矩形木料,如果矩形一边长为 x,面积为 y,试将 y 表示成 x 的函数,并画出函数的大致图象,并判断怎样锯才能使得截面面积最大?

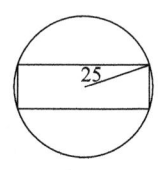

图 3-15

6. 快艇和轮船分别从A地和C地同时开出,如图3-16,各沿箭头方向航行,快艇和轮船的速度分别是 45 km/h 和 15 km/h,已知AC=150km,经过多少时间后,快艇和轮船之间的距离最短?

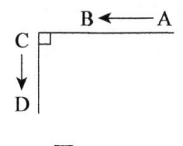

图 3-16

阅读空间 3-4

永恒运动着的世界

天地之间的万物都在时间的长河中流淌着、变化着. 从过去变化到现在, 又从现在变化到未来. 静止是暂时的, 运动却是永恒!

大概再没有什么能比闪烁在天空中的星星, 更能引起远古人的遐想. 他们想象在天庭上有一个如同人世间繁华的街市, 那些本身发着亮光的星宿一直忠诚地守护在天宫的特定位置, 永恒不动. 后来, 这些星星便区别于月亮和行星, 称之为恒星. 其实, 恒星的称呼是不确切的, 只是由于它离我们太远了, 以至于它们之间的任何运动, 都慢得使人一辈子感觉不出来!

北斗七星, 是北边最为明显的星座之一. 在北边的夜空是很容易辨认的. 人的生命太短暂了, 几十年的时光, 对于天文数字般的岁月几乎可以忽略不计. 然而有幸的是, 现代科学大发展, 使我们有可能从容地追溯过去和精确地预测未来. 经过测算, 人类在十万年前、现在和十万年后应该看到的北斗七星, 它们的形状是大不一样的.

不仅天在动, 而且地也在动. 火山的喷发、地层的断裂、冰川的推移、泥石的奔流, 这一切都还是局部的现象. 更令人不可思议的是, 我们脚下站立着的大地, 也像水面上的船只那样, 在地幔上缓慢地漂移着!

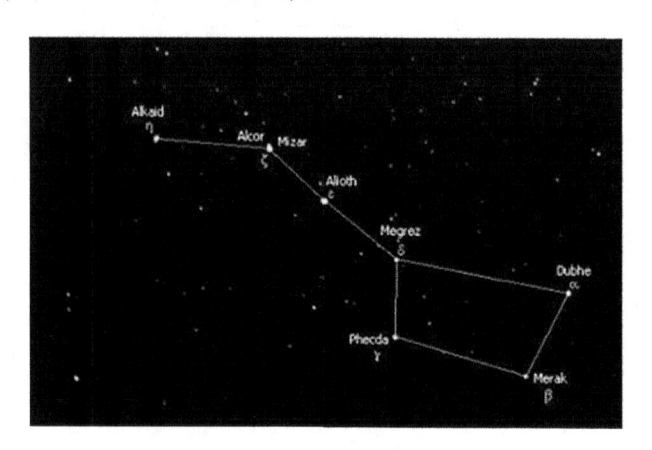

由此可见, 这个世界的一切量都随着时间的变化而变化. 时间是最原始的自行变化的量, 其他量则是因变量. 一般地说, 如果在某一变化过程中有两个变量 x, y, 对于变量 x 在研究范围内的每一个确定的值, 变量 y 都有唯一确定的值和它对应, 那么 x 变量就称为自变量, 而变量 y 就称为因变量或变量的函数, 记 $y = f(x)$.

【本章思维框图】

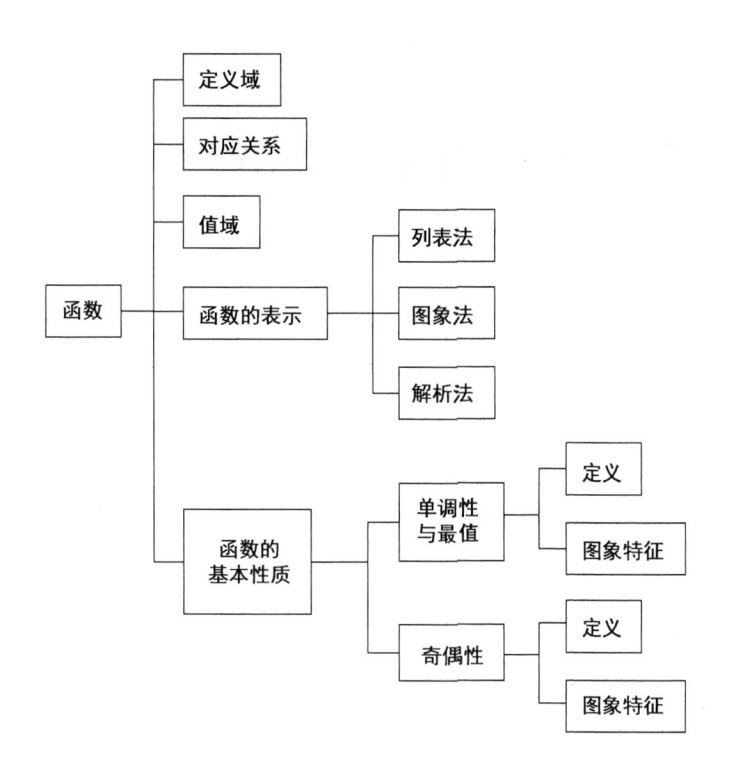

```
                    ┌─── 定义域
                    │
                    ├─── 对应关系
                    │
                    ├─── 值域
                    │                    ┌─── 列表法
         函数 ──────┼─── 函数的表示 ─────┼─── 图象法
                    │                    └─── 解析法
                    │
                    │                    ┌─── 单调性     ┌─── 定义
                    │                    │   与最值      └─── 图象特征
                    └─── 函数的 ────────┤
                         基本性质       │                ┌─── 定义
                                         └─── 奇偶性 ────┤
                                                         └─── 图象特征
```

第四章　基本初等函数（Ⅰ）

基本初等函数是一类重要的函数，其中包括常数函数、指数函数、对数函数、幂函数、三角函数、反三角函数．而初等函数则是由基本初等函数经过有限次的有理运算或复合运算后，能够用解析式表达的函数．在现实中，人们常常会利用初等函数解决生活中的问题，如利用幂函数解决面积问题、利用指数函数解决复利问题和人口增长问题、利用对数函数测量震级问题等．在本章中，我们主要来学习三类函数，即指数函数、对数函数和幂函数．

4.1 实数指数幂及运算性质

学习目标

了解 n 次根式、分数指数幂、有理数指数幂及实数指数幂的概念；理解实数指数幂的运算法则.

【知识链接】

毕达哥拉斯是公元前五世纪古希腊的著名数学家与哲学家.他创立了毕达哥拉斯学派，由毕达哥拉斯提出的著名命题"万物皆数"是该学派的哲学基石.毕达哥拉斯学派所说的数仅指整数.而"一切数均可表示成整数或整数之比"则是这一学派的数学信仰.

然而，具有戏剧性的是由毕达哥拉斯建立的毕达哥拉斯定理却成了毕达哥拉斯学派数学信仰的"掘墓人".毕达哥拉斯定理提出后，其学派中的一个成员希帕索斯考虑了一个问题：边长为 1 的正方形其对角线长度是多少呢？他发现这一长度既不能用整数，也不能用分数表示，而只能用一个新数来表示.希帕索斯的发现导致了数学史上第一个无理数 $\sqrt{2}$ 的诞生.小小 $\sqrt{2}$ 的出现，却在当时的数学界掀起了一场巨大风暴，直接导致了人们认识上的危机，从而导致了西方数学史上一场大的风波，史称"第一次数学危机".

直到 17 世纪，实数才在欧洲被广泛接受.18 世纪，微积分学在实数的基础上发展起来.1871 年，德国数学家康托尔第一次提出了实数的严格定义.

思考题

问题 1　到目前为止，你学习过哪些数集？它们有着什么样的关系？

问题2　实数和数轴上的点是一一对应吗？

问题3　你知道幂运算吗？到目前为止，你学习过哪些关于幂的运算？

问题4　大家学习 2^2，2^3，3^4…等整数幂，那分数幂、无理数幂有接触过吗？

1. 整数指数幂

在初中时，我们学习过了正整数指数幂，即

$a^2 = a \times a$,
$a^3 = a \times a \times a$,
…
$a^n = \underbrace{a \times a \times \cdots \times a}_{n\text{个}a\text{相乘}}$.

我们定义 a^n 叫作 a 的 **n 次幂**，a 叫作幂的**底数**，n 叫作幂的**指数**. 并规定

$a^1 = a$.

这里的 n 必须是正整数，因此容易验证，正整数指数幂的运算满足如下法则：

（1）$a^m \cdot a^n = a^{m+n}$；

（2）$(a^m)^n = a^{mn}$；

（3）$\dfrac{a^m}{a^n} = a^{m-n}$ $(m > n, a \neq 0)$；

（4）$(ab)^m = a^m b^m$.

当法则（3）中取消 $m > n$ 的限制，则正整数指数幂就可以推广到整数幂运算. 为了合理化上述定义，我们规定：

（5）$a^0 = 1$ $(a \neq 0)$；

（6）$a^{-n} = \dfrac{1}{a^n}$ $(a \neq 0, n \in \mathbb{N}_+)$.

在上述的规定下，我们有下列关系：

$$\left.\begin{array}{ll} 2 & \to 2^1 \\ 2 \times 2 & \to 2^2 \\ 2 \times 2 \times 2 & \to 2^3 \\ \quad\vdots & \\ \underbrace{2 \times 2 \times \cdots \times 2}_{n\text{个}2\text{相乘}} & \to 2^n \end{array}\right\}\text{类似的}\begin{cases} 0.1 = \dfrac{1}{10} & \to \left(\dfrac{1}{10}\right)^1 \\ 0.1 \times 0.1 & \to \left(\dfrac{1}{10}\right)^2 \\ 0.01 \times 0.01 \times 0.01 & \to \left(\dfrac{1}{10}\right)^3 \\ \quad\vdots & \\ \underbrace{0.01 \times 0.01 \times \cdots \times 0.01}_{n\text{个}0.1\text{相乘}} & \to \left(\dfrac{1}{10}\right)^n \end{cases}$$

例1 计算：（1）8^0；（2）$\left(\dfrac{3}{2}\right)^{-2}$；（3）$(0.05)^{-3}$；（4）$(3x^2)^{-3}$ $(x \neq 0)$.

解 （1）$8^0 = 1$；

（2）$\left(\dfrac{3}{2}\right)^{-2} = \left(\dfrac{2}{3}\right)^{2} = \dfrac{4}{9}$；

（3）$(0.05)^{-3} = \left(\dfrac{1}{20}\right)^{-3} = 20^3 = 8000$；

（4）$(3x^2)^{-3} = \left(\dfrac{1}{3x^2}\right)^{3} = \dfrac{1}{(3x^2)^3} = \dfrac{1}{27x^6}$.

2. 有理数指数幂

如果 $x^2 = 9$，则 $\underline{x = \pm 3}$；x 叫作 9 的<u>平方根</u>；

如果 $x^3 = 8$，则 $\underline{x = 2}$；x 叫作 8 的<u>立方根</u>；

如果 $x^3 = -8$，则 $\underline{x = -2}$；x 叫作 -8 的<u>立方根</u>.

如果 $x^2 = a$，那么 $x = \pm\sqrt{a}$ 叫作 a 的平方根（二次方根），其中 $\sqrt{a}$ 叫作 a 的算术平方根；如果 $x^3 = a$，那么 $x = \sqrt[3]{a}$ 叫作 a 的立方根（三次方根）.

一般地，如果 $x^n = a$ $(n \in \mathbf{N}_+$ 且 $n > 1)$，那么 x 叫作 a 的 n 次方根.

当 n 为奇数时，实数 a 的 n 次方根只有一个，记作 $\sqrt[n]{a}$. 例如，-32 的 5 次方根仅有一个是 -2，即 $\sqrt[5]{-32} = -2$.

当 n 为偶数时，正数 a 的 n 次方根有两个，分别表示为 $-\sqrt[n]{a}$ 和 $\sqrt[n]{a}$，其中 $\sqrt[n]{a}$ 叫作 a 的 n 次算数根；零的 n 次方根是零；负数的 n 次方根没有意义. 例如，16 的 4 次方根有两个，它们分别是 2 和 -2，其中 2 叫作 16 的 4 次算术根，即 $\sqrt[4]{16} = 2$.

零的任何次方根都是零，记作 $\sqrt[n]{0} = 0$.

当 $\sqrt[n]{a}$ 有意义时，$\sqrt[n]{a}$ 叫作**根式**，n 叫作**根指数**，a 叫作**被开方数**.

根据 n 次方根的定义，根式具有下列性质：

（1）$(\sqrt[n]{a})^n = a$ $(n > 1, n \in \mathbf{N}_+)$.

（2）当 n 为奇数时，$\sqrt[n]{a^n} = a$；

当 n 为偶数时，$\sqrt[n]{a^n} = |a| = \begin{cases} a, & a \geq 0, \\ -a, & a < 0. \end{cases}$

为了将整数指数幂推广到有理数指数幂，我们规定：$a^{\frac{m}{n}} = \sqrt[n]{a^m}$，其中 m、$n \in \mathbf{N}_+$ 且 $n > 1$ 且 m、n 互质. 当 n 为奇数时，$a \in \mathbf{R}$；当 n 为偶数时，$a \geq 0$.

当 $a^{\frac{m}{n}}$ 有意义，且 $a \neq 0$，m、$n \in \mathbf{N}^+$ 且 $n > 1$ 时，规定：$a^{-\frac{m}{n}} = \dfrac{1}{\sqrt[n]{a^m}}$。

例2 将下列各分数指数幂写成根式的形式：

(1) $a^{\frac{2}{9}}$；　　(2) $a^{\frac{3}{5}}$；　　(3) $a^{-\frac{11}{6}}$；　　(4) $a^{-\frac{9}{2}}$。

分析 要把握好形式互化过程中字母位置的对应关系，按照规定先找出公式中的 m 与 n，再进行形式的转化。

解 (1) $n = 9$，$m = 2$，故 $a^{\frac{2}{9}} = \sqrt[9]{a^2}$；

(2) $n = 5$，$m = 3$，故 $a^{\frac{3}{5}} = \sqrt[5]{a^3}$；

(3) $n = 6$，$m = 11$，故 $a^{-\frac{11}{6}} = \dfrac{1}{\sqrt[6]{a^{11}}}$；

(4) $n = 2$，$m = 9$，故 $a^{-\frac{9}{2}} = \dfrac{1}{\sqrt{a^9}}$。

例3 将下列各根式写成分数指数幂的形式：

(1) $\sqrt[3]{x}$；　　(2) $\sqrt[5]{x^2}$；　　(3) $\dfrac{1}{\sqrt[3]{a^5}}$；　　(4) $\dfrac{1}{\sqrt[11]{a^4}}$。

分析 要把握好形式互化过程中字母位置的对应关系，按照规定逆向进行形式的转化。

解 (1) $n = 3$，$m = 1$，故 $\sqrt[3]{x} = x^{\frac{1}{3}}$；　　(2) $n = 5$，$m = 2$，故 $\sqrt[5]{a^2} = a^{\frac{2}{5}}$；

(3) $n = 3$，$m = 5$，故 $\dfrac{1}{\sqrt[3]{a^5}} = a^{-\frac{5}{3}}$；　　(4) $n = 11$，$m = 4$，故 $\dfrac{1}{\sqrt[11]{a^4}} = a^{-\frac{4}{11}}$。

注意

将根式写成分数指数幂的形式或将分数指数幂写成根式的形式时，要注意规定中的 m、n 的对应位置关系，分数指数的分母为根式的根指数，分子为根式中被开方数的指数。

利用计算器可以快速准确地进行幂运算。观察计算器上的按键并阅读相关的使用说明书，小组完成利用计算器计算分数指数幂的方法。

（1）打开计算器如图 4-1 所示

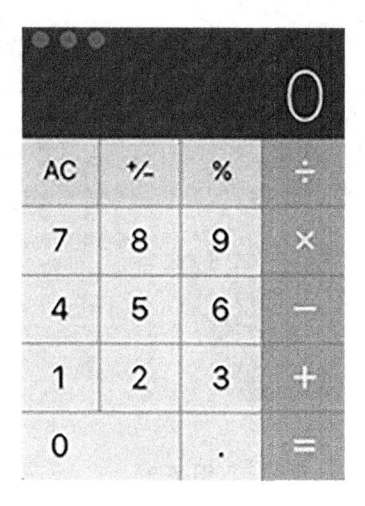

图 4-1

（2）选择"科学型"计算器，则图 4-1 显示的计算器变为

图 4-2

（3）例如，求 3^4，第一步输入 3，第二步点 x^y，第三步输入 4，最终得 81.

例 4 利用计算器求 $\dfrac{1}{\sqrt[5]{0.45^3}}$ 的值：

解 这里分别采用卡西欧 fx-82ES 计算器和得力 D82ES Plus 计算器求值.

方法一 依次按键 ▨，1，▨，0.45，▨，▨，3，▨，5，▨，显示如图 4-3（a）所示；

方法二 依次按键 0.45，▨，▨，▨，3，▨，5，▨，显示如图 4-3（b）所示.

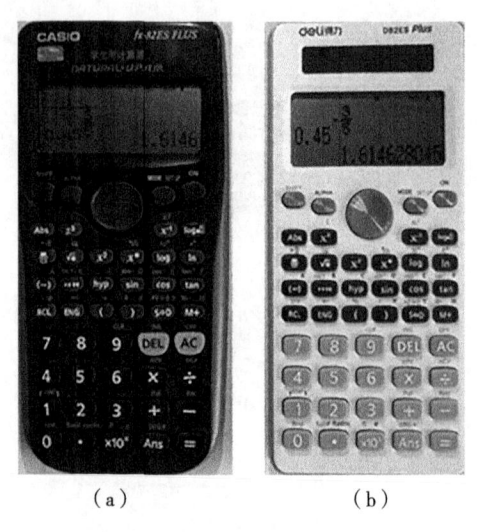

图 4-3

可以证明，有理指数幂的运算性质与整数指数幂的运算性质完全相同，即当 p、q 为有理数时，有

（1）$a^p \cdot a^q = a^{p+q}$；

（2）$(a^p)^q = a^{pq}$；

（3）$(ab)^p = a^p \cdot b^p$．

显然，整数指数幂的运算性质是有理指数幂运算性质的特殊情况．

例 5 计算下列各式的值：

（1）$0.125^{\frac{1}{3}}$；　　（2）$\dfrac{\sqrt{3} \times \sqrt[3]{6}}{\sqrt[3]{9} \times \sqrt[3]{2}}$．

分析（1）题中的底为小数，需要首先将其化为分数，有利于运算法则的利用；（2）题中，首先要把根式化成分数指数幂，然后再进行化简与计算．

解（1）$0.125^{\frac{1}{3}} = \left(\dfrac{1}{8}\right)^{\frac{1}{3}} = (2^{-3})^{\frac{1}{3}} = 2^{-3 \times \frac{1}{3}} = 2^{-1} = \dfrac{1}{2}$；

（2）$\dfrac{\sqrt{3} \times \sqrt[3]{6}}{\sqrt[3]{9} \times \sqrt[3]{2}} = \dfrac{3^{\frac{1}{2}} \times (3 \times 2)^{\frac{1}{3}}}{(3^2)^{\frac{1}{3}} \times 2^{\frac{1}{3}}} = \dfrac{3^{\frac{1}{2}} \times 3^{\frac{1}{3}} \times 2^{\frac{1}{3}}}{3^{\frac{2}{3}} \times 2^{\frac{1}{3}}}$.

$= 3^{\frac{1}{2}+\frac{1}{3}-\frac{2}{3}} \times 2^{\frac{1}{3}-\frac{1}{3}} = 3^{\frac{1}{6}} \times 2^0 = 3^{\frac{1}{6}}$．

> 注意

第（2）小题中，将9写成3^2，将6写成2×3，使得式子中只出现两种底，方便于化简及运算．这种尽可能将底的化同的做法，体现了数学中非常重要的"化同"思想．

例6 化简下列各式：

（1）$\dfrac{(2a^4b^3)^4}{(3a^3b)^2}$ $(a\neq0,b\neq0)$；　　（2）$\left(x^{\frac{1}{2}}+y^{\frac{1}{2}}\right)\left(x^{\frac{1}{2}}-y^{\frac{1}{2}}\right)$ $(x\geqslant0,y\geqslant0)$．

分析 化简要依据运算的顺序进行，一般为"先括号内，再括号外；先乘方，再乘除，最后加减"，也可以利用乘法公式．

解 （1）$\dfrac{(2a^4b^3)^4}{(3a^3b)^2}=\dfrac{2^4a^{4\times4}b^{3\times4}}{3^2a^{3\times2}b^{1\times2}}=\dfrac{16a^{16}b^{12}}{9a^6b^2}=\dfrac{16}{9}a^{16-6}b^{12-2}=\dfrac{16}{9}a^{10}b^{10}$；

（2）$\left(x^{\frac{1}{2}}+y^{\frac{1}{2}}\right)\left(x^{\frac{1}{2}}-y^{\frac{1}{2}}\right)=\left(x^{\frac{1}{2}}\right)^2-\left(y^{\frac{1}{2}}\right)^2=x^{\frac{1}{2}\times2}-y^{\frac{1}{2}\times2}=x-y$．

3. 无理数指数幂

我们在第一章集合中提及过有理数集的元素个数少于无理数集，每一个无理数左右都有很多有理数，并且按照大小顺序分布在无理数的左右，例如，

p	a^p
1.414 213	$5^{1.414\,213}$
1.414 213 5	$5^{1.414\,213\,5}$
$\vdots$	$\vdots$
1.414 213 562	$5^{1.414\,213\,562}$
$\vdots$	$\vdots$
$\sqrt{2}$	$5^{\sqrt{2}}$
$\vdots$	$\vdots$
1.414 213 563	$5^{1.414\,213\,563}$
$\vdots$	$\vdots$
1.414 213 6	$5^{1.414\,213\,56}$

这里体现了一种逼近的数学思想，我们可以用一组有理数逼近无理数$\sqrt{2}$，那么也

可以用一组有理数指数形式逼近 $5^{\sqrt{2}}$，因此无理数指数幂 a^{λ}（其中, $a>0$, λ 是个无理数）也是一个确定的实数.

当底数 $a>0$ 时，指数的取值范围也从整数集合扩充为全体实数，在此基础上，对于任意的实数 r, s，有下列指数运算：

（1）$a^r a^s = a^{r+s}$ $(a>0, r,s \in \mathbb{R})$；

（2）$(a^r)^s = a^{rs}$ $(a>0, r,s \in \mathbb{R})$；

（3）$(ab)^r = a^r b^r$ $(a,b>0, r,s \in \mathbb{R})$.

【巩固基础】

1. 读出下列各根式，并计算出结果：

（1）$\sqrt[3]{27}$；　　（2）$\sqrt{25}$；　　（3）$\sqrt[4]{81}$；　　（4）$\sqrt[3]{-8}$.

2. 填空：

（1）25 的 3 次方根可以表示为_____，其中根指数为_____，被开方数为_____；

（2）12 的 4 次算术根可以表示为_____，其中根指数为_____，被开方数为_____；

（3）-7 的 5 次方根可以表示为_____，其中根指数为_____，被开方数为_____；

（4）8 的平方根可以表示为_____，其中根指数为_____，被开方数为_____.

3. 计算下列各题：

（1）$\sqrt{4 \times 25}$；

（2）$92 \times 22 - 84 \times 11$；

（3）$-3 \times 2 + (-2)^2 - 3$；

（4）$\left(\dfrac{3}{2} - \dfrac{2}{5}\right) \times 20$；

（5）$2^{-\frac{2}{3}}$；

（6）$\dfrac{1}{\sqrt[3]{1.03^2}}$；

（7）$(5\sqrt{2} + 3\sqrt{5})(5\sqrt{2} - 3\sqrt{5})$

（8）$\left(\dfrac{1}{2}\right)^{-1} - 4 \times (-2)^{-3} + \left(\dfrac{1}{4}\right)^{0} - 9^{-\frac{1}{2}}$.

4. 将下列各根式写成分数指数幂的形式：

（1）$\sqrt[3]{9}$；　　　（2）$\sqrt{\dfrac{3}{4}}$；　　　（3）$\dfrac{1}{\sqrt[7]{a^4}}$；　　　（4）$\sqrt[4]{4.3^5}$.

5. 将下列各分数指数幂写成根式的形式：

（1）$4^{-\frac{3}{5}}$；　　　（2）$3^{\frac{3}{2}}$；　　　（3）$(-8)^{-\frac{2}{5}}$；　　　（4）$1.2^{\frac{3}{4}}$.

6. 利用计算器求下列各式的值（精确到 0.0001）：

（1）$\sqrt[3]{2}$；　　　（2）$\sqrt[3]{0.3564}$；　　　（3）$\sqrt[4]{0.5}$；　　　（4）$\sqrt[7]{273}$.

【能力提升】

7. 计算 $\left[\left(-\sqrt{2}\right)^{-2}\right]^{-\frac{1}{2}}$ 的结果是（　　）.

A. $\sqrt{2}$　　　　　　B. $-\sqrt{2}$　　　　　　C. $\dfrac{\sqrt{2}}{2}$　　　　　　D. $-\dfrac{\sqrt{2}}{2}$

8. 若 $10^m = 2, 10^n = 4$ 则 $10^{\frac{3m-n}{2}} = $ _____.

9. 计算下列各式：

（1）$\sqrt{3} \times \sqrt[3]{9} \times \sqrt[4]{27}$；　　　（2）$\left(2^{\frac{2}{3}} 4^{\frac{1}{2}}\right)^3 \left(2^{-\frac{1}{2}} 4^{\frac{5}{8}}\right)^4$.

10. 化简下列各式：

（1）$a^{\frac{1}{3}} \cdot a^{-\frac{2}{3}} \cdot a^2 \cdot a^0$；　　　（2）$\left(a^{\frac{2}{3}} b^{\frac{1}{2}}\right)^3 \cdot \left(2a^{-\frac{1}{2}} b^{\frac{5}{8}}\right)^4$；　　　（3）$\sqrt[3]{\dfrac{b^2}{a}} \cdot \sqrt[3]{a} \div \sqrt{a^3 b}$.

阅读空间 4-1

大数字的不同记法

随着文明的进步，社会的发展，需要人类记录的数字越来越庞大，在记录冗长数字多年后，公元前190年，我国数学家想出了便利的记录方法，即利用10的乘方化简大数字.

名称	数值	指数幂
京	10000000000000000	10^{16}
兆	1000000000000	10^{12}
亿	100000000	10^8

续表

名称	数值	指数幂
千	1000	10^3
百	100	10^2
十	10	10^1
厘	0.01	10^{-2}
毫	0.001	10^{-3}
微	0.000001	10^{-6}

在佛教中，也有很多大计量单位名称，如垓（10^{20}）、秭（10^{24}）、穰（10^{28}）、极（10^{48}）、无量（10^{68}）、尘（10^{-9}）、埃（10^{-10}）、瞬息（10^{-16}）、弹指（10^{-17}）.

在英文中，也有非常大的计量单位，例如 googol 是一个相当于 10^{100} 的大数. 1998 年，美国人 Larry 和 Sergey 想创建一个廉价的服务器，为了凸显服务器搜索的强大性，同时受大数 googol 的影响，最终选用了新词"google"作为自己公司的名字，这就是当今全球最大的英文搜索引擎 Google.

4.2 指数函数的图象与性质

学习目标

理解指数函数的概念；能用描点法或辅助工具画出具体指数函数的图象，理解指数函数的简单性质．

【知识链接】

银行在处理理财业务时，根据理财品种和存储方式的不同而产生不同的回馈收益．假如你是某银行的一名理财咨询师，一位顾客有一笔闲置资金要用于短期投资．目前有两种投资方式可供他选择，方案如下，

方案一　第一天回报 10 元，以后每天比前一天多回报 10 元；

方案二　第一天回报 1 元，以后每天的回报比前一天翻一番．

作为投资资深咨询师，你会给客户推荐哪一种呢？

首先，我们分别计算不同方案的回报情况，如下表．

天数	方案一收益	方案三收益
1	10	1
2	20	2
3	30	4
4	40	8
5	50	16
6	60	32
7	70	64
8	80	128
9	90	256

其次，利用数据画图．从图 4-4 上我们很直观看出数据变化的情况．

图 4-4

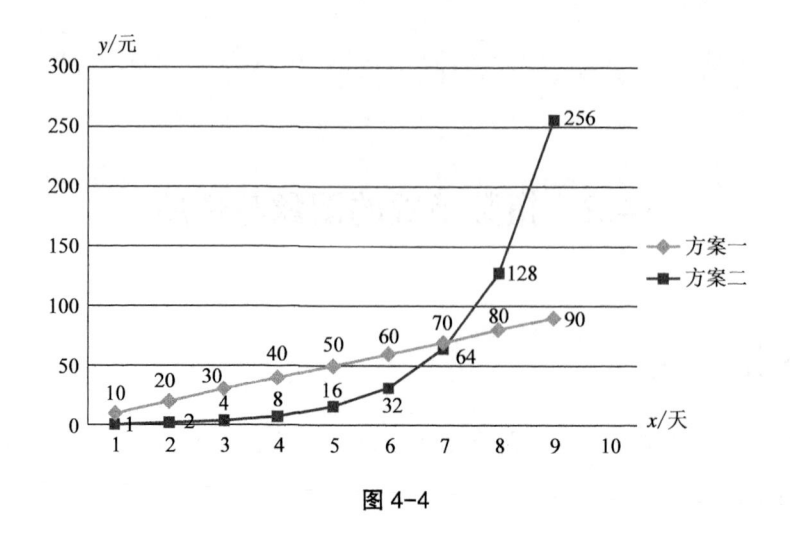

再次，建立模型．通过对图象进行分析，我们发现，

（1）方案一的数据随着天数的增加而增加，

x	y
1天	10,
2天	10+10= 20,
3天	20+10= 30,
4天	30+10 = 40,
⋮	⋮

因此随着自变量天数 x 的变化，用 y 表示每天回报的收益，则回报函数为一次函数 $y = kx$．根据表格中的数据，方案一中的每天回报函数确定为 $y = 10x$；

（2）方案二的数据随着天数的增加而增加，

x	y
1天	1,
2天	1+1= 2,
3天	2+2= 2^2,
4天	$2^2 + 2^2 = 2^3$,
⋮	⋮

根据数据的变化情况，归纳总结后，随着自变量天数 x 的变化，每天收益函数确定为 $y = 2^{x-1}$．

从图象可以看出，方案二是随着天数的增加发生骤然变化，即所谓的"指数增长"，其增长的速度是方案一望尘莫及、无法相比的．从这个角度分析，作为投资人我们自然要选择方案二．

从上述实例中，我们得到了一类新的函数形式，它们的自变量都出现在指数位置上．

4.2.1 指数函数的图象与性质

一般地，函数
$$y = a^x \,(a > 0, a \neq 1, x \in R),$$
叫作**指数函数**．其中指数函数的定义域为 R，值域为 $(0, +\infty)$．

例如 $y = 2^x$，$y = 3^x$，$y = \left(\dfrac{1}{3}\right)^x$，$y = 0.8^x$ 都是指数函数．

☞ **注意**

从指数函数的定义可以看出指数函数的值都是大于零的，任何数的零次幂都是 1，此外，a 不能小于零．试分组讨论函数 $y = 2^{x-1}$ 是指数函数吗？

例 1 利用"描点法"作出指数函数 $y = 2^x$ 和 $y = \left(\dfrac{1}{2}\right)^x$ 的图象．

解 指数函数的定义域为 R，取 x 的一些值，求出各函数所对应的函数值 y，列表如下：

表 4-1

x	…	−3	−2	−1	0	1	2	3	…
$y = 2^x$	…	$\dfrac{1}{8}$	$\dfrac{1}{4}$	$\dfrac{1}{2}$	1	2	4	8	…
$y = \left(\dfrac{1}{2}\right)^x$	…	8	4	2	1	$\dfrac{1}{2}$	$\dfrac{1}{4}$	$\dfrac{1}{8}$	…

以表中的每一组 x, y 的值为坐标，描出对应的点 (x, y)．分别用光滑的曲线依次联结各点，得到函数 $y = 2^x$ 和 $y = \left(\dfrac{1}{2}\right)^x$ 的图象，如图 4-5 所示．

图 4-5

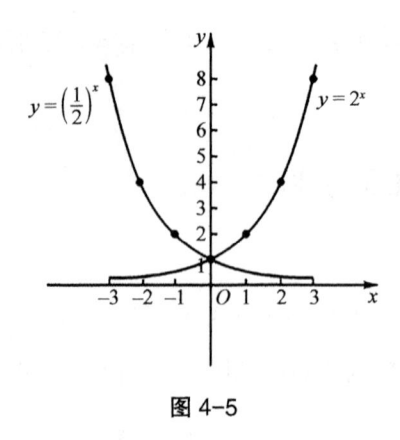

观察函数图象发现：

（1）函数 $y = 2^x$ 和 $y = \left(\dfrac{1}{2}\right)^x$ 的图象都在 x 轴的上方，向上无限伸展，向下无限接近于 x 轴；

（2）函数图象都经过 $(0,1)$ 点；

（3）函数 $y = 2^x$ 的图象自左至右呈上升趋势；函数 $y = \left(\dfrac{1}{2}\right)^x$ 的图象自左至右呈下降趋势．

一般地，指数函数 $y = a^x$ 在底数 $a > 1$ 及 $0 < a < 1$ 两种情况下的图象形状和位置如表 4-2 所示：

表 4-2

	指数函数的图象和性质	
函数	$y = a^x\ (a > 1)$	$y = a^x\ (1 < a < 1)$
图象		
性质	定义域 R	
	值域 $(0, +\infty)$	
	恒过定点 $(0, 1)$	
	在 $(-\infty, +\infty)$ 上是增函数	在 $(-\infty, +\infty)$ 上是减函数

— 110 —

例 2 已知指数函数 $f(x) = 3^x$，求 $f(0), f(1), f(-3)$ 的值.

解 $f(0) = 3^0 = 1$，$f(1) = 3^1 = 3$，$f(-3) = 3^{-3} = \dfrac{1}{3^3} = \dfrac{1}{27}$.

例 3 已知指数函数 $f(x) = a^x$ 的图象过点 $\left(2, \dfrac{9}{4}\right)$，求 $f(3)$ 的值.

解 由于函数图象过点 $\left(2, \dfrac{9}{4}\right)$，故 $f(2) = \dfrac{9}{4}$，即

$$\dfrac{9}{4} = a^2.$$

由于 $\dfrac{9}{4} = \left(\dfrac{3}{2}\right)^2$，且底 $a > 0$，故 $a = \dfrac{3}{2}$.

故函数的解析式为 $f(x) = \left(\dfrac{3}{2}\right)^x$. 所以，

$$f(3) = \left(\dfrac{3}{2}\right)^3 = \dfrac{27}{8}.$$

例 4 判断下列函数在 $(-\infty, +\infty)$ 内的单调性：

（1）$f(x) = 3^x$； （2）$f(x) = 3^{-x}$； （3）$f(x) = 2^{\frac{x}{3}}$.

解（1）因为底 $a = 3 > 1$，所以指数函数 $f(x) = 3^x$ 在 $(-\infty, +\infty)$ 内是增函数.

（2）因为 $f(x) = 3^{-x} = (3^{-1})^x = \left(\dfrac{1}{3}\right)^x$，底 $a = \dfrac{1}{3} < 1$，所以函数 $f(x) = 3^{-x}$ 在 $(-\infty, +\infty)$ 内是减函数.

（3）因为 $f(x) = 2^{\frac{x}{3}} = \left(2^{\frac{1}{3}}\right)^x = \left(\sqrt[3]{2}\right)^x$，底 $a = \sqrt[3]{2} \approx 1.259 > 1$，所以，函数 $f(x) = 2^{\frac{x}{3}}$ 在 $(-\infty, +\infty)$ 内是增函数.

例 5 利用指数函数的单调性，比较下列值的大小：

（1）$7^{0.7}$ 与 $7^{0.6}$； （2）$\left(\dfrac{1}{3}\right)^{-0.1}$ 与 $\left(\dfrac{1}{3}\right)^{-0.2}$； （3）$1.7^a$ 与 1.7^{a+1} $(a \in \mathbb{R})$.

解（1）考察指数函数 $y = 7^x$，它在实数集上是增函数.

$$\because 0.7 > 0.6,$$
$$\therefore 7^{0.7} > 7^{0.6}.$$

（2）考察指数函数 $y = \left(\dfrac{1}{3}\right)^x$，它在实数集上是减函数.

$$\because -0.1 > -0.2,$$

$$\therefore \left(\frac{1}{3}\right)^{-0.1} < \left(\frac{1}{3}\right)^{-0.2}.$$

(3) 考察指数函数 $y = 1.7^x$，它在实数集上是增函数.

$$\because a < a + 1,$$
$$\therefore 1.7^a < 1.7^{a+1}.$$

【巩固基础】

1. 在同一坐标系内，画出函数 $y = \left(\frac{1}{3}\right)^x$ 与 $y = 3^x$ 的图象，并分析它们的性质.

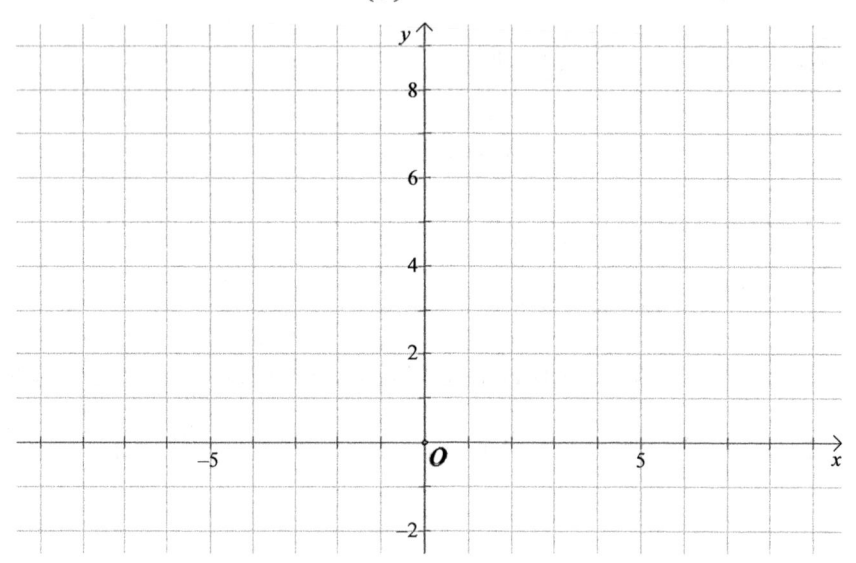

2. 判断下列函数在 $(-\infty, +\infty)$ 内的单调性：

（1）$y = 0.9^x$； （2）$y = \left(\frac{\pi}{2}\right)^{-x}$； （3）$y = 3^{\frac{x}{2}}$.

3. 比较大小：

（1）$4^{0.1}$ ____ $4^{0.2}$； （2）$(0.4)^{-\frac{1}{2}}$ ____ $(0.4)^{-\frac{3}{2}}$；（3）$\left(\frac{\sqrt{3}}{3}\right)^{0.76}$ ____ $(\sqrt{3})^{-0.75}$.

4. 已知指数函数 $f(x) = a^x$ ($a > 0$ 且 $a \neq 1$) 的图象过点 $(4, 64)$.

（1）求函数的解析式； （2）求函数的单调区间；

（3）判断函数的奇偶性； （4）求 $f(0), f(1), f(-2)$.

【能力提升】

5. 函数 $f(x) = 3^{-x} - 1$ 的定义域、值域分别是（ ）.

A. R, R	B. R, $(0, +\infty)$
C. R, $(-1, +\infty)$	D. 以上都不对

6. 函数 $f(x) = a^{x-2} + 1$ ($a > 0$ 且 $a \neq 1$) 的图象恒过定点（　　）.

A. (0,1)	B. (0,2)
C. (2,1)	D. (2,2)

7. 求下列函数的定义域和值域：

（1）$y = \dfrac{3}{2^x - 1}$；　　　　（2）$y = \sqrt{3^x - 81}$.

8. 已知指数函数 $f(x) = a^x$ 满足条件 $f(-3) = \dfrac{8}{27}$，求 $f(2)$ 和 $f(0.13)$ 的值（精确到 0.001）.

4.2.2 指数函数的应用实例

例 6 某市 2018 年国内生产总值为 20 亿元，计划在未来 10 年内，平均每年按 8% 的增长率增长，分别预测该市 2023 年与 2028 年的国内生产总值（精确到 0.01 亿元）.

分析 国内生产总值每年按 8% 增长是指后一年的国内生产总值是前一年的 (1+8%) 倍.

解 设在 2018 年后的第 x 年该市国民生产总值为 y 亿元，则

第 1 年，$y = 20 \times (1+8\%) = 20 \times 1.08$，

第 2 年，$y = 20 \times 1.08 \times (1+8\%) = 20 \times 1.08^2$，

第 3 年，$y = 20 \times 1.08^2 \times (1+8\%) = 20 \times 1.08^3$，

……　　　　　　　……

由此得到，第 x 年该市国内生产总值为

$$y = 20 \times 1.08^x \ (x \in \mathbb{N} \text{ 且 } 1 \leqslant x \leqslant 10).$$

当 $x = 5$ 时，得到 2023 年该市国内生产总值为

$$y = 20 \times 1.08^5 \approx 29.39 \text{（亿元）}.$$

当 $x = 10$ 时，得到 2028 年该市国民生产总值为

$$y = 20 \times 1.08^{10} \approx 43.18 \text{（亿元）}.$$

所以，预测该市 2023 年和 2028 年的国民生产总值分别为 29.39 亿元和 43.18 亿元.

一般地，函数解析式可以写成 $y = ca^x$ 的形式，其中 $c > 0$ 为常数，底 $a > 0$ 且 $a \neq 1$. 函数模型 $y = ca^x$ 叫作**指数模型**. 当 $a > 1$ 时，叫作指数增长模型；当 $0 < a < 1$ 时，叫作指数衰减模型.

例 7 设磷 -32 经过一天的衰变，其残留量为原来的 95.27%. 现有 10g 磷 -32，设每天的衰变速度不变，经过 14 天衰变还剩下多少克（精确到 0.01g）？

分析 残留量为原来的 95.27% 的意思是，如果原来的磷 -32 为 a(g)，经过一天的衰变后，残留量为 $a \times 95.27\%$(g).

解 设 10g 磷 -32 经过 x 天衰变，残留量为 y g. 依题意可以得到经过 x 天衰变，残留量函数为 $y = 10 \times 0.9527^x$，

故经过 14 天衰变，残留量为 $y = 10 \times 0.9527^{14} \approx 5.07$(g).

例 8 服用某种感冒药，每次服用的药物含量为 a，随着时间 t 的变化，体内的药物含量为 $f(t) = 0.57^t a$（其中 t 以小时为单位）. 问服药 4 小时后，体内药物的含量为多少？8 小时后，体内药物的含量为多少？

分析 该问题为指数衰减模型. 分别求 $t = 4$ 与 $t = 8$ 的函数值.

解 因为 $f(t) = 0.57^t a$，利用计算器容易算得

$$f(4) = 0.57^4 a \approx 0.11a,$$
$$f(8) = 0.57^8 a \approx 0.01a.$$

所以，服药 4 小时后，体内药物的含量为 $0.11a$，服药 8 小时后，体内药物的含量为 $0.01a$.

【巩固基础】

1. 从盛满 1 升纯酒精的容器中倒出 $\frac{1}{3}$ 升，然后用水填满，再倒出 $\frac{1}{3}$ 升，又用水填满，这样进行 5 次，则容器中剩下的纯酒精的升数为多少？

2. 一片树林中现有木材 30000 m³，如果每年增长 5%，经过 x 年树林中有木材 y m³，写出 x，y 间的函数关系式，并利用图象求约经过多少年，木材可以增加到 40000m³.

【能力提升】

3. 我国人口问题非常突出,在耕地面积只占世界7%的国土上,却养育着22%的世界人口.因此,中国的人口问题是公认的社会问题.2000年第五次人口普查,中国人口已达到13亿,年增长率约为1%.为了有效地控制人口过快增长,实行计划生育成为我国一项基本国策.

(1)按照上述材料中的1%的增长率,从2000年起,x年后我国的人口将达到2000年的多少倍?

(2)从2000年起到2020年我国人口将达到多少?

阅读空间 4-2

"神奇"的指数增长常数 "e"

17世纪,瑞士数学家雅各布伯努利通过对复利的研究成为了揭示"e"的第一人. "e"是一个无限不循环的无理数.当精确到小数点后50位时,

$e = 2.71828182825904523536028747135266249775724709369995\cdots$

其中,复利是把前一期的利息和本金加起来算做本金,再计算下一期的利息,本息 = 本金 + 利息.如在理想的情况下:

(1)本金1元,当年利率100%,则利息$1 \times 100\% = 1$,本息为$1 + 1 = 2$;

(2)本金1元,3个月的利率是33%,则本息变化如下图所示,

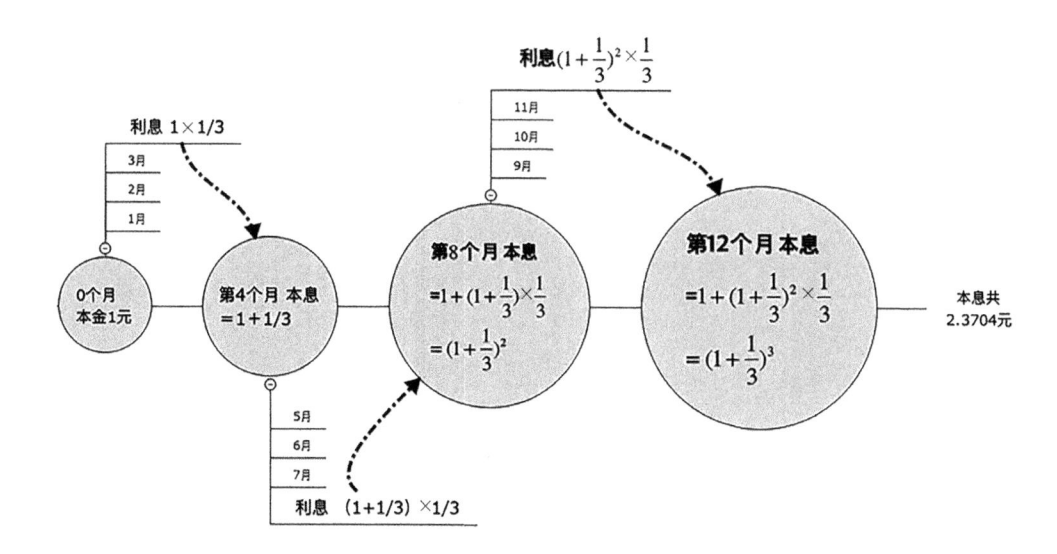

（3）本金1元，一年365天，天利率是$\frac{1}{365}$，那么一年后的本息为：

$$\left(1+\frac{1}{365}\right)^{365} \approx 2.7146.$$

（4）本金1元，一年365天，每天有$24\times 60\times 60=86400$秒，一年有31536000秒，秒利率是$\frac{1}{3153600}$，那么一年后的本息为：

$$\left(1+\frac{1}{3153600}\right)^{3153600} \approx 2.718281778.$$

可以看出，当时间划分地越来越细，利滚利，本息就会越来越接近e，但越远不会超过e，所以e又叫指数增长常数！

4.3 对数的概念及运算

学习目标 ▶▶▶

了解对数的概念及性质；了解常用对数与自然对数的表示方法；了解积、商、幂的对数及运算法则.

【知识链接】

在16世纪左右，随着天文、航海、贸易的急速发展，（如著名的德国天文学家开普勒正着手演算着行星轨道，意大利天文学家伽利略利用他发明的望远镜研究着星体运动），在演算的过程中，自然需要处理庞大的数字和运算，好比现在面临的大数据一样，进而催生了热门职业"计算师"，同时加快了测量计算的步伐.在这样的环境下，苏格兰数学家纳皮尔在1614年发表了《奇妙的对数定律说明书》，书中阐述了如何简化复杂的计算，定义了新的运算，即对数.无论是数学界还是天文学界都认为对数的发现是人类史上最伟大的发现之一.恩格斯指出17世纪数学的三大成就有对数的发明、解析几何的创始和微积分的建立！1624年，纳皮尔和英国数学家布里格斯联手合作出版了《对数的进位》，记载了1到20000，90000到100000的对数.后来，又有数学家修订了《对数的进位》，发表了1到100000的对数，并且精确到小数点后10位！对数的发现之所以有用，一个重要的原因是它运算性质：把乘法变成加法，把除法变成减法！

4.3.1 对数的概念

王先生有一辆新能源汽车，由于自然损耗，每年的价值损耗为原来的10%，问几年后该车的价值相当于原来价值的一半？

假设经过 n 年该车的价值相当于原来价值的一半，显然

$$(1-10\%)^n = \frac{1}{2}, \text{即 } 0.9^n = \frac{1}{2}.$$

已知底和幂，如何求出指数，如何用底和幂表示指数的问题．为了解决这类问题，引进一个新概念——对数．

如果 $a^b = N(a > 0, a \neq 1)$，那么 b 叫作**以 a 为底 N 的对数**，记作 $b = \log_a N$，其中 a 叫作**对数的底**，N 叫作**真数**．

例如，$2^3 = 8$ 写作 $\log_2 8 = 3$，3 叫作以 2 为底 8 的对数；$9^{\frac{1}{2}} = 3$ 写作 $\log_9 3 = \frac{1}{2}$，$\frac{1}{2}$ 叫作以 9 为底 3 的对数；$10^{-3} = 0.001$ 写作 $\log_{10} 0.001 = -3$，-3 叫作以 10 为底 0.001 的对数．

形如 $a^b = N$ 的式子叫作**指数式**，形如 $\log_a N = b$ 的式子叫作**对数式**．

$a > 0, a \neq 1, N > 0$ 时

$$a^b = N \Leftrightarrow \log_a N = b$$

根据对数的定义，对数具有下列性质：

（1）1 的对数等于零，即 $\log_a 1 = 0$；

（2）底的对数等于 1，即 $\log_a a = 1$；

（3）零和负数没有对数，即在 $\log_a N$ 中，$N > 0$；

（4）$\log_a a^b = b$；

（5）$a^{\log_a N} = N$．

例 1 将下列指数式写成对数式：

（1）$\left(\frac{1}{2}\right)^4 = \frac{1}{16}$； （2）$2^5 = 32$；

（3）$3^4 = 81$； （4）$27^{\frac{1}{3}} = 3$；

（5）$4^{-3} = \frac{1}{64}$； （6）$10^x = y$．

分析 依照公式由左至右对应好各字母的位置关系．

解 （1）$\log_{\frac{1}{2}} \frac{1}{16} = 4$； （2）$\log_2 32 = 5$；

（3）$\log_3 81 = 4$； （4）$\log_{27} 3 = \frac{1}{3}$；

（5）$\log_4 \dfrac{1}{64} = -3$；　　　　　（6）$\log_{10} y = x$.

例2　将下列对数式写成指数式：

（1）$\log_2 32 = 5$；　　　　　（2）$\log_3 \dfrac{1}{81} = -4$；

（3）$\log_{10} 1000 = 3$；　　　（4）$\log_2 \dfrac{1}{8} = -3$.

分析　依照公式，由右至左对应好各字母的位置关系．

解　（1）$2^5 = 32$；　　　　　（2）$3^{-4} = \dfrac{1}{81}$；

（3）$10^3 = 1000$；　　　（4）$2^{-3} = \dfrac{1}{8}$.

例3　求下列各式中 x 的值：

（1）$\log_2 x = 5$；　　　　　（2）$\log_3 x = -4$；

（3）$\log_{10} x = 3$；　　　　（4）$\log_2 x = -3$.

分析　根据指数式和对数式的换算公式求解．

解　（1）因为 $\log_2 x = 5$，所以 $x = 2^5 = 32$；

（2）因为 $\log_3 x = -4$，所以 $x = 3^{-4} = \left(\dfrac{1}{3}\right)^4 = \dfrac{1}{81}$；

（3）因为 $\log_{10} x = 3$，所以 $x = 10^3 = 1000$；

（4）因为 $\log_2 x = -3$，所以 $x = 2^{-3} = \left(\dfrac{1}{2}\right)^3 = \dfrac{1}{8}$.

例4　求下列对数的值．

（1）$\log_7 1$；　　（2）$\log_3 3$；　　（3）$\log_2 2^5$.

分析　根据对数的性质求解．

解　（1）由于真数为1，由对数的性质（1）知 $\log_7 1 = 0$；

（2）由于底与真数相同，由对数的性质（2）知 $\log_3 3 = 1$；

（3）由于真数为 2^5，由对数的性质（4）知 $\log_2 2^5 = 5$.

以10为底的对数叫作**常用对数**，$\log_{10} N$ 简记为 $\lg N$. 如 $\log_{10} 2$ 记为 $\lg 2$.

以无理数 e（e=2.71828…，在科学研究和工程计算中被经常使用）为底的对数叫作**自然对数**，$\log_e N$ 简记为 $\ln N$. 如 $\log_e 5$ 记为 $\ln 5$.

对于常用对数，我们知道

...

$$\lg 1000 = \lg 10^3 = 3;$$

$$\lg 100 = \lg 10^2 = 2;$$

$$\lg 10 = \lg 10^1 = 1;$$

$$\lg 1 = \lg 10^0 = 0;$$

$$\lg 0.1 = \lg 10^{-1} = -1;$$

$$\lg 0.01 = \lg 10^{-2} = -2;$$

$$\lg 0.001 = \lg 10^{-3} = -3;$$

...

例 5 用计算器计算 $\lg 2$ 的值.

解 分别采用卡西欧 $fx - 82ES$ 计算器和得力 D82ES Plus 计算器求值.

方法一：依次按键 [log]，2，[)]，[=]，显示如图 4-6（a）所示；

方法二：依次按键 [log□]，10，[▶]，2，[=]，显示如图 4-6（b）所示.

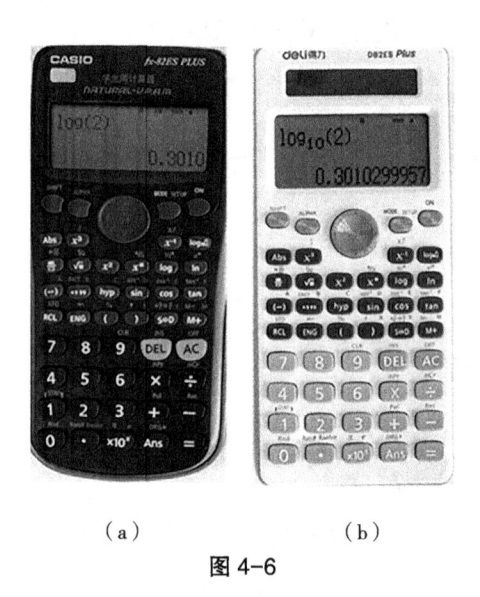

（a） （b）

图 4-6

【巩固基础】

1. 将下列各指数式写成对数式：

（1）$5^3 = 125$； （2）$0.9^2 = 0.81$； （3）$0.2^x = 0.008$； （4）$343^{-\frac{1}{3}} = \frac{1}{7}$；

（5）$2^3 = 8$； （6）$2^5 = 32$； （7）$2^{-2} = \dfrac{1}{4}$； （8）$343^{\frac{1}{3}} = 7$.

2. 把下列对数式写成指数式：

（1）$\log_{\frac{1}{2}} 4 = -2$； （2）$\log_3 27 = 3$； （3）$\log_5 625 = 4$； （4）$\log_{0.01} 10 = -\dfrac{1}{2}$；

（5）$\log_3 9 = 2$； （6）$\log_5 125 = 3$； （7）$\log_2 \dfrac{1}{4} = -2$； （8）$\log_3 \dfrac{1}{81} = -4$.

3. 求下列对数的值：

（1）$\log_7 7$； （2）$\log_{0.5} 0.5$； （3）$\log_{\frac{1}{3}} 1$； （4）$\log_2 1$.

4. 利用计算器，计算下列各式的值（精确到 0.0001）：

（1）$\lg 2$； （2）$\lg 3$； （3）$\ln 10$；

（4）$\ln 1.2$； （5）$\log_3 4$； （6）$\log_{0.2} 0.36$.

【能力提升】

5. 若 $\log_2 x = 3$，则 $x = (\quad)$.

A. 4　　　　　　　B. 6　　　　　　　C. 8　　　　　　　D. 9

6. 对数式 $\log_{a-2}(5-a) = b$ 中，实数 a 的取值范围是（　　）.

A. $(-\infty, 5)$　　　　　　　　　　　B. $(2, 5)$

C. $(2, +\infty)$　　　　　　　　　　D. $(2,3) \cup (3,5)$

7. 计算：$\log_{\sqrt{2}+1}(3+2\sqrt{2}) = $ _____.

4.3.2　对数运算

判断下列关系式中哪个是成立的？

（1）$\lg 2 + \lg 5 = \lg 7$ 和 $\lg 2 + \lg 5 = \lg 10$？

（2）$\log_2 12 - \log_2 4 = \log_2 8$ 和 $\log_2 12 - \log_2 4 = \log_2 3$？

利用计算器验证，我们得出等式 $\lg 2 + \lg 5 = \lg 10$ 和等式 $\log_2 12 - \log_2 4 = \log_2 3$ 成立．

从指数与对数的关系和指数运算性质，我们可以得到对数的运算．

由于，

$$M = a^m \Leftrightarrow \log_a M = m,$$
$$N = a^n \Leftrightarrow \log_a N = n,$$
$$MN = a^m \cdot a^n = a^{m+n} \Leftrightarrow \log_a(MN) = m + n,$$

因此，有 $\log_a(MN) = m + n = \log_a M + \log_a N$.

同样地，仿照上述的方法，利用指数运算 $\dfrac{a^m}{a^n} = a^{m-n}$ 和 $(a^m)^n = a^{mn}$，得出对数运算的其他性质.

因此，我们得到如下对数运算法则.

法则 1：两个正数积的对数，等于这两个正数的对数的和，即
$$\log_a MN = \log_a M + \log_a N \ (a > 0 \text{ 且 } a \neq 1, M > 0, N > 0);$$

法则 2：两个正数商的对数，等于被除数的对数减去除数的对数，即
$$\log_a \dfrac{M}{N} = \log_a M - \log_a N \ (a > 0 \text{ 且 } a \neq 1, M > 0, N > 0);$$

法则 3：一个正数的幂的对数，等于幂指数乘以这个数的对数，即
$$\log_a M^b = b\log_a M \ (a > 0 \text{ 且 } a \neq 1, M > 0, b \in \mathbb{R}).$$

对数的最重要的作用之一：将两个数的乘法变成加法，两个数的除法变成减法，即对数具有把运算"降级"的作用.

例 6 用 $\log_a x$，$\log_a y$，$\log_a z$ 表示下列各式：

（1）$\log_a xyz$； （2）$\log_a \dfrac{x}{yz}$； （3）$\log_a \dfrac{x^2\sqrt{y}}{z^3}$.

分析 利用对数运算法则表示.

解 （1）$\log_a xyz = \log_a x + \log_a y + \log_a z$；

（2）$\log_a \dfrac{x}{yz} = \log_a x - \log_a yz$

$\qquad\qquad\quad = \log_a x - (\log_a y + \log_a z)$

$\qquad\qquad\quad = \log_a x - \log_a y - \log_a z$；

（3）$\log_a \dfrac{x^2\sqrt{y}}{z^3} = \log_a x^2 + \log_a \sqrt{y} - \log_a z^3$

$\qquad\qquad\quad = 2\log_a x + \dfrac{1}{2}\log_a y - 3\log_a z.$

例7 计算下列各式：

（1）$\log_5 3 + \log_5 \frac{1}{3}$； （2）$\log_3 12 - \log_3 4$.

分析 利用对数运算法则计算.

解 （1）$\log_5 3 + \log_5 \frac{1}{3} = \log_5 \left(3 \cdot \frac{1}{3}\right) = \log_5 1 = 0$；

（2）$\log_3 12 - \log_3 4 = \log_3 \frac{12}{4} = \log_3 3 = 1$.

【巩固基础】

1. 用 $\lg x$，$\lg y$，$\lg z$ 表示下列各式：

（1）$\lg \sqrt{x}$； （2）$\lg \frac{xy}{z}$； （3）$\lg \left(\frac{y}{x}\right)^2$.

2. 计算下列各式的值：

（1）$\log_5 25$； （2）$\log_{0.4} 1$； （3）$\log_2 (4^8 \times 2^5)$；

（4）$\lg \sqrt[9]{100}$； （5）$\lg 4 + \lg 25$； （6）$\log_4 5 - \log_4 20$.

【能力提升】

3. 设 $\lg 2 = a$，$\lg 3 = b$，试用 a、b 表示 $\lg 12$.

4. 根据对数的定义推导**换底公式** $\log_a b = \frac{\log_c b}{\log_c a}$ ($a > 0$，且 $a \neq 1$；$c > 0$，且 $c \neq 1$；$b > 0$).

5. 用计算器计算下列各式的值（精确到 0.0001）：

（1）$\lg 38$； （2）$\lg 5.6$； （3）$\ln 2.84$；

（4）$\ln 1.96$； （5）$\log_2 0.37$； （6）$\log_{0.2} 85$.

阅读空间 4-3

地震级数中的对数公式

地震级数是里氏地震规模地震强度大小的一种度量，根据地震释放能量多少来划分．目前国际上一般采用美国地震学家查尔斯·弗朗西斯·里克特（Charles Francis Richter）和宾诺·古腾堡（Beno Gutenberg）于1935年共同提出的震级划分法，即现在通常所说的里氏地震规模.里氏规模是地震波最大振幅以 10 为底的对数,并选择距震中 100 千米的距离为标准.里氏规模每增强一级,释放的能量约增加 32 倍,相隔二级的震级其能量相差约 1000（~32×32）倍.

1935 年,查尔斯·弗朗西斯·里克特制定了一种测量地震能量大小的尺度,即里氏震级.地震能量越大,地震能级越高,每增加一个单位,其地震能量增加 10 倍.其公示为 $M = \lg A - \lg A_0$,其中符号 A 是被测地震的最大振幅,A_0 是"标准地震"振幅.现实中,小于里氏规模 2.5 的地震,人们一般不易感觉到,称为小震或微震;里氏规模 2.5~5.0 的地震,震中附近的人会有不同程度的感觉,称为有感地震,全世界每年大约发生十几万次;大于里氏规模 5.0 的地震,会造成建筑物不同程度的损坏,称为破坏性地震.里氏规模 4.5 以上的地震可以在全球范围内监测到.有记录以来,历史上最大的地震是发生在 1960 年 5 月 22 日 19 时 11 分南美洲的智利,根据美国地质调查所的数据,里氏规模达 9.5.下图为由对数确定的里氏震级图表.

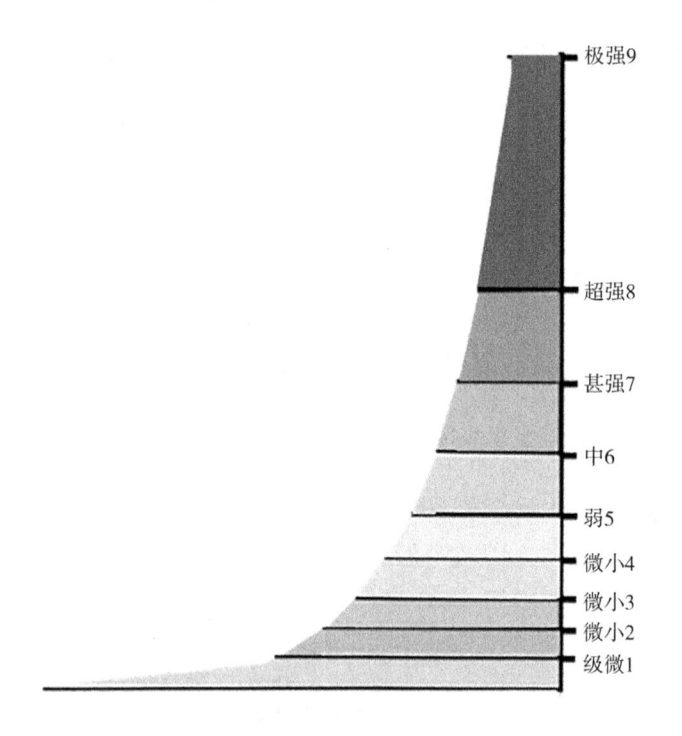

4.4 对数函数的图象与性质

学习目标 ▶▶▶

理解对数函数的概念；能用描点法或辅助工具画出具体对数函数的图象，理解对数函数的简单性质；了解指数函数和对数函数的关系．

【知识链接】

《舌尖上的中国》是由陈晓卿执导，中国中央电视台出品的一部美食类纪录片．该节目主题围绕中国人对美食和生活的美好追求，用具体人物故事串联起讲述了中国各地的美食生态．其中，主食的故事里，牛肉拉面算是比较经典的一期．

在拉面制作过程中，假设从第一次对折开始算第一扣，每对折一次算一扣，且拉面的过程中面条不断裂：

（1）如果这位拉面师傅拉了 3 扣，请问能得到多少根面条？

（2）如果拉完面后得到 32 根面条，请问拉面师傅需要拉几扣？

（3）如果拉完面后得到 x 根面条，请问拉面师傅拉的扣数 y 为多少？

设拉面师傅拉 y 扣得到 x 根面条，则 x 与 y 的函数关系是 $x = 2^y$，写成对数式为 $y = \log_2 x$，此时自变量 x 位于真数位置．

从上述实例中，我们得到了一类新的函数形式，它们的自变量都出现在真数位置上.

4.4.1 对数函数的图象与性质

一般地，形如 $y = \log_a x$ 的函数叫以 a 为底的**对数函数**，其中 $a > 0$ 且 $a \neq 1$. 对数函数的定义域为 $(0, +\infty)$，值域为 R.

例如，$y = \log_3 x$、$y = \lg x$、$y = \log_{\frac{1}{2}} x$ 都是对数函数.

例 1 利用"描点法"作函数 $y = \log_2 x$ 和 $y = \log_{\frac{1}{2}} x$ 的图象.

解 指数函数的定义域为 $(0, +\infty)$，取 x 的一些值，求出各函数所对应的函数值 y，列表如下：

表 4-3

x	…	$\frac{1}{4}$	$\frac{1}{2}$	1	2	4	…
$y = \log_2 x$	…	-2	-1	0	1	2	…
$y = \log_{\frac{1}{2}} x$	…	2	1	0	-1	-2	…

以表中 x 的值与函数 $y = \log_2 x$ 对应的值 y 为坐标，描出点 (x, y)，用光滑曲线依次联结各点，得到函数 $y = \log_2 x$ 的图象；以表中 x 的值与函数 $y = \log_{\frac{1}{2}} x$ 对应的值 y 为坐标，描出点 (x, y)，用光滑曲线依次联结各点，得到函数 $y = \log_{\frac{1}{2}} x$ 的图象，如图 4-7 所示：

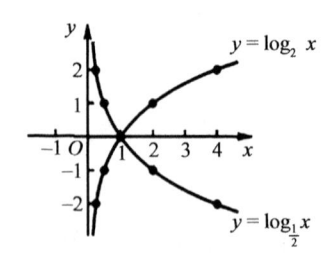

图 4-7

观察函数图象发现:

1. 函数 $y = \log_2 x$ 和 $y = \log_{\frac{1}{2}} x$ 的图象都在 x 轴的右边,即对数函数的自变量都是大于零;

2. 图象都经过点 $(1, 0)$;

3. 函数 $y = \log_2 x$ 的图象自左至右呈上升趋势;函数 $y = \log_{\frac{1}{2}} x$ 的图象自左至右呈下降趋势.

一般地,指数函数 $y = \log_a x$ 在底数 $a > 1$ 及 $0 < a < 1$ 两种情况下的图象形状和位置如表 4-4 所示:

表 4-4

	指数函数的图象和性质	
函数	$y = \log_a x \ (a > 1)$	$y = \log_a x \ (0 < a < 1)$
图象		
性质	定义域 $(0, +\infty)$	
	值域 R	
	恒过定点 $(1, 0)$	
	在 $(0, +\infty)$ 上是增函数	在 $(0, +\infty)$ 上是减函数

例 1 求下列函数的定义域:

(1) $y = \log_2 (x + 1)$;   (2) $y = \sqrt{\ln x}$.

解 (1) 由 $x + 1 > 0$ 得 $x > -1$,

所以函数 $y = \log_2 (x + 1)$ 的定义域为 $(-1, +\infty)$;

(2) 由 $\begin{cases} \ln x \geq 0, \\ x > 0. \end{cases}$ 得 $x \geq 1$,所以函数 $y = \sqrt{\ln x}$ 的定义域为 $[1, +\infty)$.

例 2 已知对数函数 $f(x) = \log_3 x$,求 $f(3)$, $f(9)$, $f\left(\dfrac{1}{3}\right)$ 的值.

解 $f(3) = \log_3 3 = 1$, $f(9) = \log_3 3^2 = 2$, $f\left(\dfrac{1}{3}\right) = \log_3 3^{-1} = -1$.

例3 已知对数函数 $f(x) = \log_a x$（$a > 1$ 且 $a \neq 1$）的图象过点 $(16, 2)$，求 $f(x)$ 的解析式.

解 由于函数图象过点 $(16, 2)$，故 $f(16) = 2$，即
$$\log_a 16 = 2.$$
于是 $a^2 = 16$，又底数 $a > 0$，故 $a = 4$.

故函数的解析式为 $f(x) = \log_4 x$.

例4 利用对数函数的单调性，比较下列值的大小：

（1）$\log_2 3.1$ 与 $\log_2 3.2$；　　　　（2）$\log_{0.2} 3$ 与 $\log_{0.2} 4$.

解 （1）考察对数函数 $y = \log_2 x$，它在 $(0, +\infty)$ 上是增函数.

∵ $3.1 < 3.2$，∴ $\log_2 3.1 < \log_2 3.2$.

（2）考察对数函数 $y = \log_{0.2} x$，它在 $(0, +\infty)$ 上是减函数.

∵ $3 < 4$，∴ $\log_{0.2} 3 > \log_{0.2} 4$.

【巩固基础】

1. 在同一坐标系内，画出函数 $y = \log_3 x$ 与 $y = \log_{\frac{1}{3}} x$ 的图象，并分析它们的性质.

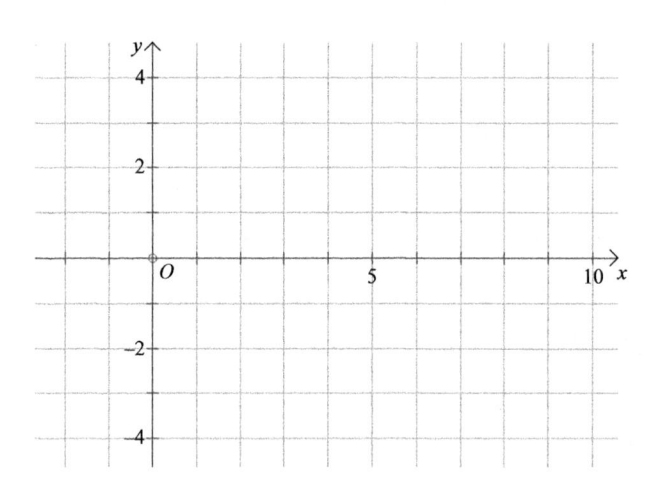

2. 比较大小：

（1）$\log_3 0.5$ ____ $\log_3 0.6$；　　　　（2）$\log_{0.3} 7$ ____ $\log_{0.3} 8$；

（3）$\log_2 3$ ____ $\log_{0.8} 3$.

3. 求下列函数的定义域：

（1）$y = \log_2 (x - 1)$；

（2）$y = \log_{0.5} (x + 1)$；

（3）$y = \log_2 (9 - x^2)$；

（4）$y = \log_2 x^2$；

（5）$y = \dfrac{1}{\log_3 x}$；

（6）$y = \log_4 (x^2 - x - 2)$.

4. 已知对数函数 $f(x) = \log_a x$（$a > 1$ 且 $a \neq 1$）的图象过点 $(9, 2)$，

（1）求 $f(x)$ 的解析式；

（2）指出函数的单调区间；

（3）求 $f(3)$，$f(1)$，$f\left(\dfrac{1}{27}\right)$.

【能力提升】

5. 下列对数函数在区间 $(0, +\infty)$ 内为减函数的是（　　）.

A. $y = \lg x$　　　　　　　　B. $y = \log_{\frac{1}{2}} x$

C. $y = \ln x$　　　　　　　　D. $y = \log_2 x$

6. 若函数 $y = \log_a x$ 的图象经过点 $(2, -1)$，则底 $a = $（　　）.

A. 2　　　　　　　　　　　　B. -2

C. $\dfrac{1}{2}$　　　　　　　　　　　D. $-\dfrac{1}{2}$

7. 函数 $y = 2 + \log_2 x$（$x \geqslant 1$）的值域为（　　）.

A. $(2, +\infty)$　　　　　　　B. $(-\infty, 2)$

C. $[2, +\infty)$　　　　　　　D. $[3, +\infty)$

8. 不等式的 $\log_4 x > \dfrac{1}{2}$ 解集是（　　）.

A. $(2, +\infty)$　　　　　　　B. $(0, 2)$

B. $(\dfrac{1}{2}, +\infty)$　　　　　　D. $(0, \dfrac{1}{2})$

9. 比较大小：

（1）$\log_6 7$ _____ $\log_7 6$；

（2）$\log_3 1.5$ _____ $\log_2 0.8$.

10. 函数 $y = \log_{(x-1)} (3 - x)$ 的定义域是_____.

4.4.2 对数函数的应用实例

例 5 某公司 2015 年年产值为 200 万元,计划在未来的 10 年内,平均每年按照 8% 的增长率增长.问从哪一年开始,公司的年产值会超过 340 万元?

解 设 x 年后年产值为 340 万元,由题意,得

$$200 \times (1 + 0.08)^x = 340,$$

即

$$(1 + 0.08)^x = \frac{340}{200} = 1.7,$$

两边取对数,得

$$x \lg 1.08 = \lg 1.7,$$

所以,

$$x = \frac{\lg 1.7}{\lg 1.08} \approx 6.89.$$

7 年后,即 2022 年该公司年产值会超过 340 万元.

例 6 现有一种放射性物质经过衰变,一年后残留量为原来的 84%,问该物质的半衰期是多少(结果保留整数)?

解 设该物质最初的质量为 1,衰变 x 年后,该物质残留一半,则

$$0.84^x = \frac{1}{2},$$

于是,

$$x = \log_{0.84} \frac{1}{2} \approx 4 \text{(年)}.$$

即该物质的半衰期为 4 年.

例 7 考古学家如何使用"放射性碳年代鉴定法"来进行年代鉴定呢?大气中的碳-14 和其他碳原子一样,能跟氧原子结合成二氧化碳.植物在进行光合作用时,吸收水和二氧化碳,合成体内的淀粉、纤维素……碳-14 也就进入了植物体内.当植物死亡后,它就停止吸入大气中的碳-14.从这时起,植物体内的碳-14 得不到外界补充,而在自动发出放射线的过程中,数量不断减少.研究资料显示,经过 5730 年,碳-14 含量减少一半.呈指数衰减的物质,减少到一半所经历的时间叫作该物质的**半衰期**.碳-14 的半衰期是 5730 年.因此,检测出文物的碳-14 含量,再根据碳-14 的半衰期,就能

进行年代鉴定.

古董市场有一幅达·芬奇（1452-1519）的绘画，测得其碳-14的含量为原来的94.1%，根据这个信息，请你从时间上判断这幅画是不是赝品（使用计算器）.

解 设这幅画的年龄为 x，画中原来碳-14含量为 a，根据题意有

$$0.941a = a\left(\frac{1}{2}\right)^{\frac{1}{5730}x},$$

消去 a 后，两边取常用对数，得

$$\lg 0.941 = \frac{x}{5730} \lg 0.5,$$

解得 $x = 5730 \times \frac{\lg 0.941}{\lg 0.5} \approx 503$.

因为 2009 − 503 − 1452 = 54，这幅画约在达·芬奇54岁时完成，所以从时间上看不是赝品.

【巩固基础】

1. 某钢铁公司的年产量为 a 万吨，计划每年比上一年增产10%，问经过多少年产量翻一番（保留2位有效数字）.

2. 《庄子·逍遥游》记载：一尺之棰，日取其半，万世不竭. 试计算下列问题：（1）取4次，还有多长？（2）取多少次，还有0.125尺？

【能力提升】

3. 当生物死亡后，它机体内原有的碳14会按确定的规律衰减，大约每经过5730年衰减为原来的一半，这个时间称为"半衰期". 根据些规律，人们获得了生物体碳14含量 P 与生物死亡年数 t 之间的关系. 回答下列问题：

（1）求生物死亡 t 年后它机体内的碳14的含量 P，并用函数的观点来解释 P 和 t 之间的关系，指出是我们所学过的何种函数？

（2）已知一生物体内碳14的残留量为 P，试求该生物死亡的年数 t，并用函数的观点来解释 P 和 t 之间的关系，指出是我们所学过的何种函数？

（3）长沙马王墓女尸出土时碳14的余含量约占原始量的76.7%，试推算古墓的年代？

阅读空间 4-4

利用几何画板 v5.05 画出指数函数和对数函数图象

"几何画板"提供了动态的数形环境,帮助学生直观的理解图形变化,为学生动手做"数学实验"创造了实践园地.下面以指数函数 $y=2^x$ 和对数函数 $y=\log_2 x$ 为例,简单介绍几何画板 v5.05 的使用.

第一步,启动几何画板 v5.05.

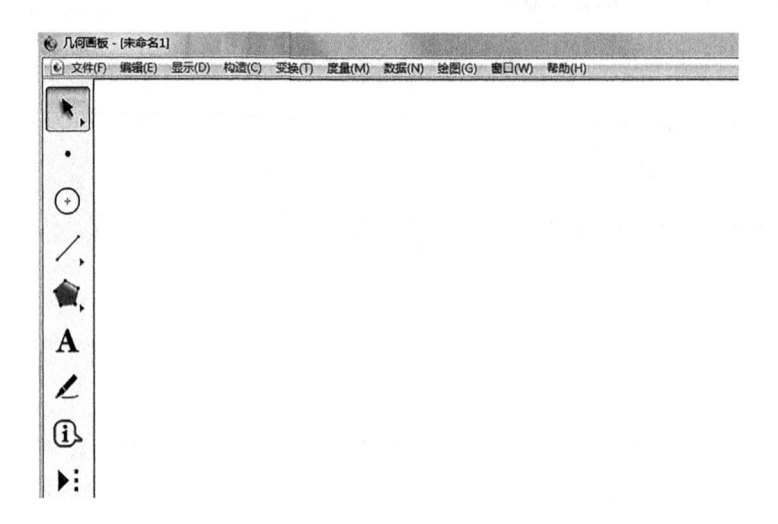

第二步,单击"绘图"菜单下"绘制新函数",出现如下界面:

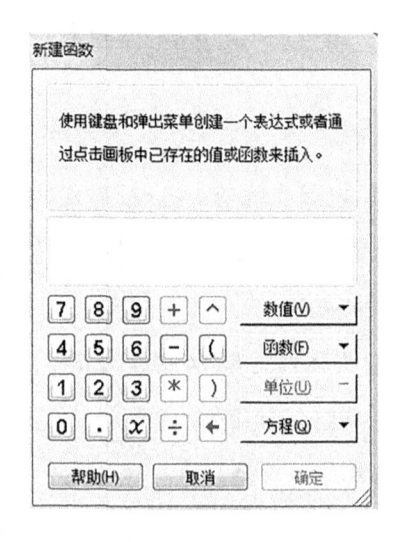

第三步,依次输入"2""^""x",点击"确定",就会得到 $y=2^x$ 的图象.

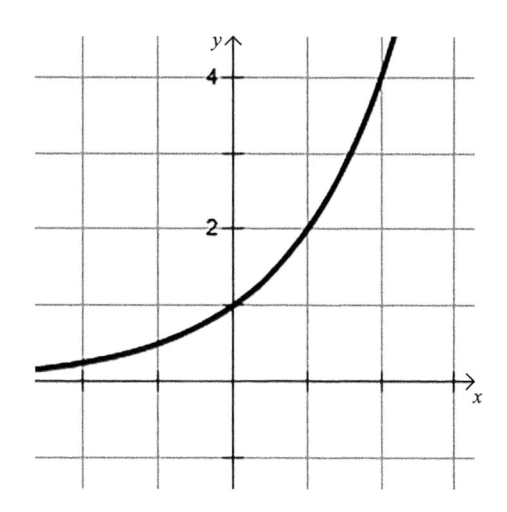

利用几何画板 v5.05 画出对数函数 $y = \log_2 x$ 的图象时,应该注意:在几何画板 v5.05 中,需要利用换底公式计算 $y = \log_2 x = \dfrac{\lg x}{\lg 2}$,具体步骤如下:

第一步,启动几何画板 v5.05.

第二步,单击"绘图"菜单下"绘制新函数",出现如下界面:

第三步,单击"函数"菜单下的"log",依次输入"x""/""log""2",点击"确定",就会得到 $y = \log_2 x$ 的图象.

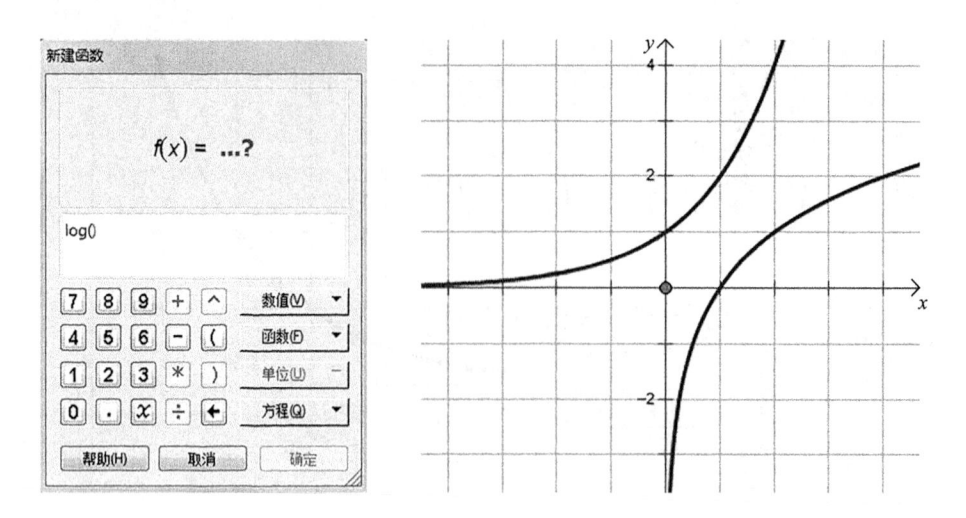

第四步，单击"文件"菜单下的"保存"命令，保存文件.

4.5 幂函数

学习目标

了解幂函数的定义；通过具体事例，结合 $y=x, y=x^2, y=x^3, y=x^{\frac{1}{2}}, y=x^{-1}$ 的图象，理解它们的变化规律，了解幂函数．

【知识链接】

几个和幂有关系的具体实例：

（1）假设正方形的边长为 a，那么正方形的面积 S 与边长 a 的关系为：$S=a^2$，这里 S 是 a 的函数；

（2）假设正方体的边长为 a，那么正方体的体积 V 与边长 a 的关系为：$V=a^3$，这里 V 是 a 的函数；

（3）假设一个正方形的面积为 S，那么该正方形的边长 a 与面积 S 的关系为：$a=\sqrt{S}$，这里 a 是 S 的函数；

（4）如果某人 t 秒内骑车行进了 1 千米，那么他骑车的平均速度 $v=t^{-1}$ 千米/秒，这里 v 是 t 的函数；

（5）假设某种蔬菜的单价为 1 元/千克，如果某人购买了 q 千克，那么他需要支付 $w=q$ 元，这里 w 是 q 的函数．

上述问题中涉及的函数，有什么共同的规律呢？

上述实例中，如果抛开实际背景，函数关系式中自变量记为 x，因变量为 y，则都可以归纳为 $y=x^\alpha$（α 分别为 2，3，1/2，-1，1）的形式．

思考题

问题 1　正比例函数 $y=x$，反比例函数 $y=\dfrac{1}{x}$（或 $y=x^{-1}$），二次函数 $y=x^2$ 的定义域和值域？

问题2 上述三种函数的图象有哪些特征？

一般地，形如 $y = x^{\alpha}$ ($\alpha \in \mathbb{R}$) 的函数叫作**幂函数**．其中指数 α 为常数，底 x 为自变量．例如，$y = x$，$y = x^{-1}$，$y = x^2$，$y = x^{\frac{1}{2}}$ 等都是幂函数．

幂函数 $y = x^3$ 定义域为 $x \in \mathbb{R}$，幂函数 $y = x^{\frac{1}{2}}$ 定义域为 $x \in \mathbb{R}^+$．下面通过"描点法"分别作出 $y = x^3$ 和 $y = x^{\frac{1}{2}}$ 的图象．

第一步，求值．列表如下：

表 4-5

x	…	-2	-1	0	1	2
$y = x^3$	…	-8	-1	0	1	8

表 4-6

x	0	$\frac{1}{4}$	1	4	9	…
$y = x^{\frac{1}{2}}$	0	$\frac{1}{2}$	1	2	3	…

第二步：描点．以表中的每组 x，y 的值为坐标，描出相应的点 (x, y)，再用光滑的曲线依次联结这些点，分别得到函数 $y = x^3$ 和函数 $y = x^{\frac{1}{2}}$ 的图象，如图 4-8 所示．

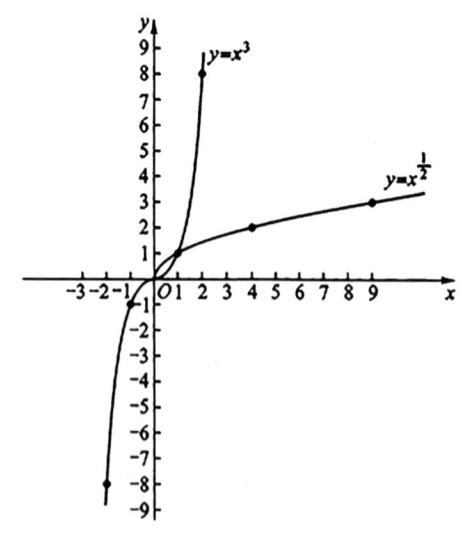

图 4-8

例 1 指出幂函数 $y = x^{-2}$ 的定义域,并作出函数图象.

解 由于 $x^{-2} = \dfrac{1}{x^2}$,因此 $y = x^{-2}$ 的定义域为 $(-\infty, 0) \cup (0, +\infty)$.

由于 $\dfrac{1}{(-x)^2} = \dfrac{1}{x^2}$,故函数为偶函数.其图象关于 y 轴对称,可以先作出区间 $(0, +\infty)$ 内的图象,然后再利用对称性作出函数在区间 $(-\infty, 0)$ 内的图象.

在区间 $(0, +\infty)$ 内,设值列表如下:

表 4-7

x	…	$\dfrac{1}{2}$	1	2	…
y	…	4	1	$\dfrac{1}{4}$	…

以表中的每组 x,y 的值为坐标,描出相应的点 $(0, +\infty)$,再用光滑的曲线依次联结各点,得到函数在区间 $(0, +\infty)$ 内的图象.再作出图象关于 y 轴对称图形,从而得到函数 $y = x^{-2}$ 的图象,如图 4-9 所示.

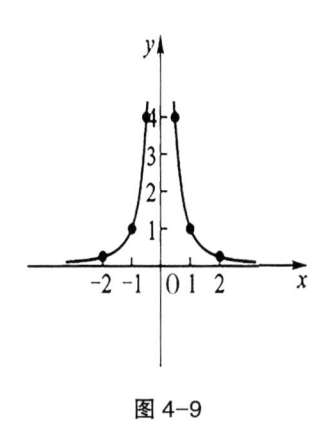

图 4-9

☞ **注意**

幂函数 $y = x^\alpha$ 中,由于 α 为任意的常实数,所以幂函数有无穷多个,在这里我们从定义域、值域、单调性和奇偶性考虑下列 5 个函数:

$$y = x,\ y = x^2,\ y = x^3,\ y = x^{\frac{1}{2}},\ y = x^{-1}$$

幂函数示例	$y=x$	$y=x^2$	$y=x^3$	$y=x^{\frac{1}{2}}$	$y=x^{-1}$
定义域	R	R	R	$\{x\mid x\geqslant 0\}$	$\{x\mid x\neq 0\}$
奇偶性	奇	偶	奇	非奇非偶	奇
在第Ⅰ象限单调增减性	在第Ⅰ象限单调递增	在第Ⅰ象限单调递增	在第Ⅰ象限单调递增	在第Ⅰ象限单调递增	在第Ⅰ象限单调递减
定点	(1,1)	(1,1)	(1,1)	(1,1)	(1,1)

一般地，幂函数 $y=x^{\alpha}$ 具有如下特征：

（1）随着指数 α 取不同值，函数 $y=x^{\alpha}$ 的定义域、单调性和奇偶性会发生变化；

（2）当 $\alpha>0$ 时，函数图象经过原点 (0,0) 与点 (1,1)；当 $\alpha<0$ 时，函数图象不经过原点 (0,0)，但经过 (1,1) 点．

例2 比较下列各组中两个数值的大小：

（1）$1.5^{\frac{2}{3}}$ 与 $1.6^{\frac{2}{3}}$；　　　　（2）$2.8^{-\frac{3}{5}}$ 与 $2.9^{-\frac{3}{5}}$．

解（1）由于 $1.5^{\frac{2}{3}}$ 与 $1.6^{\frac{2}{3}}$ 指数是相同的，所以它们可以看作是幂函数 $y=x^{\frac{2}{3}}$ 在 $x=1.5$ 与 $x=1.6$ 处的函数值．因为 $\alpha=\dfrac{2}{3}>0$，所以幂函数 $y=x^{\frac{2}{3}}$ 在 $(0,+\infty)$ 上是增函数，又 $1.5<1.6$，所以，$1.5^{\frac{2}{3}}<1.6^{\frac{2}{3}}$．

（2）由于 $2.8^{-\frac{3}{5}}$ 与 $2.9^{-\frac{3}{5}}$ 指数是相同的，所以它们可以看作是幂函数 $y=x^{-\frac{3}{5}}$ 在 $x=2.8$ 与 $x=2.9$ 处的函数值．因为 $\alpha=-\dfrac{3}{5}<0$，所以幂函数 $y=x^{-\frac{3}{5}}$ 在 $(0,+\infty)$ 上是减函数，又 $2.8<2.9$，所以，$2.8^{-\frac{3}{5}}>2.9^{-\frac{3}{5}}$．

【巩固基础】

1. 讨论函数 $y=x^{-\frac{3}{5}}$ 的定义域、奇偶性，作出它的图象，并根据图象说明函数的单调性．

2. 比较大小：

（1）$2.3^{\frac{3}{4}}$ ____ $2.4^{\frac{3}{4}}$；　　（2）5.1^{-2} ____ 5.09^{-2}；　　（3）$0.31^{\frac{6}{5}}$ ____ $0.35^{\frac{6}{5}}$．

3. 已知幂函数 $y=f(x)$ 的图象过点 $(2,\sqrt{2})$，则它的解析式为_____．

【能力提升】

4. 若幂函数 $f(x) = x^\alpha$ 在 $(0, +\infty)$ 上是增函数，则（　　）．

A. $\alpha > 0$ B. $\alpha < 0$

C. $\alpha = 0$ D. 不能确定

5. 若 $a = 1.1^{\frac{1}{2}}, b = 0.9^{-\frac{1}{2}}$，那么下列不等式成立的是（　　）．

A. $a < 1 < b$ B. $1 < a < b$

C. $b < 1 < a$ D. $1 < b < a$

6. 在固定压力差（压力差为常数）下，当气体通过圆形管道时，其流量速率 R 与管道半径 r 的四次方成正比．

（1）写出函数解析式；

（2）若气体在半径为 3cm 的管道中，流量速率为 400cm³/s，求该气体通过半径为 r 的管道时，其流量速率 R 的表达式；

（3）已知（2）中的气体通过的管道半径为 5cm，计算该气体的流量速率．

阅读空间 4-5

什么是幂指函数？

幂指函数既像幂函数，又像指数函数，二者的特点兼而有之．作为幂函数，其幂指数确定不变，而幂底数为自变量；相反地，指数函数却是底数确定不变，而指数为自变量．

幂指函数就是幂底数和幂指数同时都为自变量的函数．这种函数的推广，就是广义幂指函数．

形如 $y = f(x)^{g(x)}$（其中 $f(x) > 0$）形式的函数，称为**幂指函数**．

最简单的幂指函数就是 $y = x^x$．说简单，其实并不简单，因为当你真正深入研究这种函数时，就会发现，在 $x < 0$ 时，函数图象存在"黑洞"——无数个间断点，如下图所示（用虚线表示）．

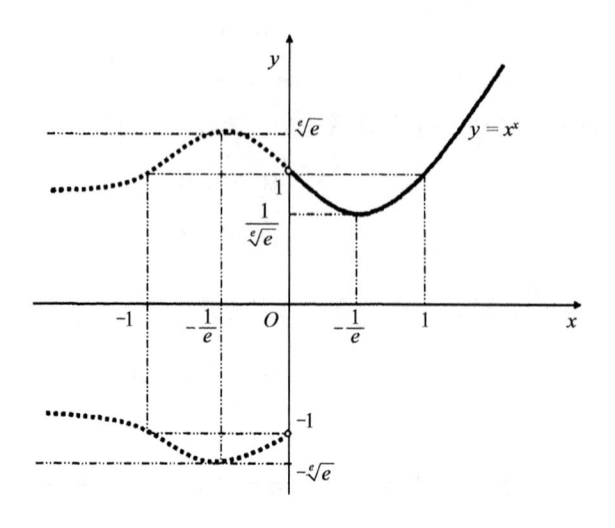

幂指函数是一种非常重要的函数，在微积分学习过程中，非常普遍，关于幂指函数的极限、连续性、导数、间断点等概念是后续高职、本科阶段重点学习的理论.

【本章思维框图】

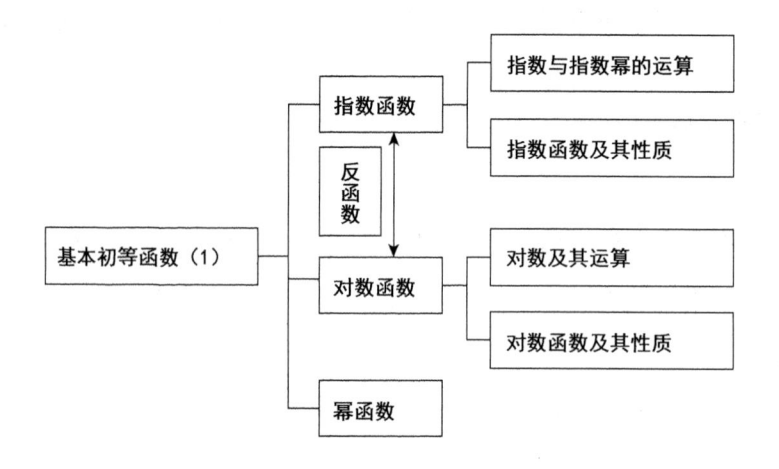

【学以致用】

核心素养提升——研学实践作业

一、研学目的

1. 体会小组合作的学习方式，在生活实践中体会集合、不等式、函数、基本初等函数的相关概念和性质；

2. 通过研学实践，培养学生的实践能力、责任意识、合作精神，培养学生搜集相关信息及应用的能力；

3. 充分发掘自身潜能，学会用数学的眼光思考世界，通过努力使得学生在实践过程中形成研究成果，分享实践成果带来的快乐，进一步激发学习的兴趣．

二、实施建议

1. 每小组由 3~5 个人组成，选举一个小组长，并根据集体的决定选择所研究的课题；

2. 在老师的指导下，明确分工，小组内根据成员的特点协商讨论每个成员的具体任务，组长负责确定和纪录；

3. 收集资料，根据组内确定的课题，通过各种渠道搜集相关的文字、图片、表格以及音视频等相关的资料，并做好收集资料的纪录；

4. 研读搜集的相关资料，汇总形成研究报告．期间组长协调好组员之间的分工，确保研究工作的顺利进行．

5. 在成果制作中利用电子技术记录研究实验过程，制作研究报告以及 PPT，将成果、资料等作品进行汇报展示．

三、参考课题

1. 垃圾分类，从我做起

实行垃圾分类，关系广大人民群众生活环境，关系节约使用资源，也是社会文明水平的一个重要体现．近年来，我国加速推行垃圾分类制度，全国垃圾分类工作由点到面、逐步启动、成效初显，46 个重点城市先行先试，推进垃圾分类取得积极进展．2019 年起，全国地级及以上城市全面启动生活垃圾分类工作，到 2020 年年底 46 个重点城市将基本建成垃圾分类处理系统，2025 年年底前全国地级及以上城市将基本建成垃圾分类处理系统．

2019 年 7 月 1 日之后，上海将正式实施《上海市生活垃圾管理条例》，简单理解就是开始更严格的进行日常生活垃圾分类处理．新的条例将垃圾分为可回收物，有害垃圾，干垃圾，湿垃圾，也就是以后会有四个不同的桶来收集不同类型的垃圾．

2. 函数的起源

函数的发现不是一位或几位数学家所完成的，它是几代数学家倾注毕生精力研究而所得到的．根据组内情况可选择一位或多位数学家，讲述他们对函数所做的贡献．

3. 未雨绸缪，理性投资

对于普通家庭，如果想接受更好的教育，那还是需要有大笔的教育经费．刨去家庭的正常开支，一些家庭收入可以作为教育投资，以供孩子求学的经费．收集本地区有关教育储蓄的信息，思考下列存款方式：（1）依据教育储蓄的方式，每月存 200 元，连续存 3 年，到期后一次可取出本息多少？（2）依据教育储蓄的方式，每月存 x 元，连续存 3 年，到期后一次可取出本息多少？（3）依据教育储蓄的方式，每月存 200 元，连续存 3 年，比较到期后一次可取出的本息和同档次的"零存整取"的收益；（4）如果在 3 年后一次取出的教育储蓄本息合计 2 万，那每月应存入多少？（5）依据教育储蓄的方式，原计划每月存 500 元，连续存 6 年，可是到了第 5 年急需用钱，一次性可以提取本息共多少？

网上查询目前有哪些教育投资的方式，合理的规划出适合自己的教育投资，以供求学需要．

4.函数应用实例

（1）"阶梯水价"是对使用自来水实行分类计量收费和超定额累进加价制的俗称．"阶梯水价"充分发挥市场、价格因素在水资源配置、水需求调节等方面的作用，拓展了水价上调的空间，增强了企业和居民的节水意识，避免了水资源的浪费．阶梯式计量水价将水价分为两段或者多段，每一分段都有一个保持不变的单位水价，但是单位水价会随着耗水量分段而增加．

请调查你家一年的用水量以及由此产生的费用．简单画出其中的函数图象．

（2）为什么说雅安地震 6.6 级，汶川地震 7.9 级，这是如何计算出来的呢？现实中，人们一般情况下感觉不到小于里氏震级 2.5 的地震，但已经可以感觉到处于 2.5~5.0 之间的震级，而大于里氏震级 5 的地震会造成不同程度的破坏．

（3）农夫山泉矿泉水的广告中打出了水质是天然弱碱性，即 pH=7.7．那么什么是 pH？如何算出来的呢？为什么胃酸的 pH=3.6889？

（4）根据《中华人民共和国个人所得税》规定，某公民 6 月份缴纳的税款大约是 2000 元，那么他当月的工资大约是多少呢？

（5）北京的地铁车票是如何计价的？找出其中的函数关系．

（6）做一个容积为 216ml 的圆柱形封闭容器，高与底面直径为何值时，所用材料最省？

5.通过自学研究计算机软件，例如，几何画板，Excel，Matlab 等软件，绘画基本初等函数的图象，进而探究其性质．

Excel 是 Microsoft Office system 中的电子表格程序．您可以使用 Excel 创建工作簿（电子表格集合）并设置工作簿格式，以便分析数据和做出更明智的业务决策．特别是，您可以使用 Excel 跟踪数据，生成数据分析模型，编写公式以对数据进行计算，以多种方式透视数据，并以各种具有专业外观的图表来显示数据．简而言之：Excel 是用来更方便处理数据的办公软件.

美国 MathWorks 公司出品的商业数学软件，用于算法开发、数据可视化、数据分析以及数值计算的高级技术计算语言和交互式环境.它将数值分析、矩阵计算、科学数据可视化以及非线性动态系统的建模和仿真等诸多强大功能集成在一个易于使用的视窗环境中，为科学研究、工程设计以及必须进行有效数值计算的众多科学领域提供了一种全面的解决方案，代表了当今国际科学计算软件的先进水平.（引用360百科）

四、评价标准

1. 自我评价：要求同学们认真对于自己参加的实践活动成果进行自我评价；

2. 小组评价：组织学生对被展示的成果和作品进行评价，指出作品的实用性、合理性、创新性以及尚可改进的地方，提出具体、实用、具有特色的建议和意见；

3. 老师评价：坚持以鼓励为主，允许学生对问题的解决提出不同的方案，引导学生从多角度展开评价，善于捕捉学生成果的"闪光点"和特长.

研学实践活动评价表

姓名		班级		小组	
评价目标	具体内容	自评、他评、师评（评价等级：A、B、C、D）			
		自我评价	小组评价	老师评价	
方法与技能	1. 运用多种方法搜集资料				
	2. 对材料进行整合、归类、筛选				
	3. 实践方法丰富多样				
情感与态度	1. 积极参与研学实践活动				
	2 主动提出设计建议				
	3. 不怕困难				
合作与交流	1. 认真聆听小组同学的建议				
	2. 主动与同学合作交流				
	3. 为本次研学实践活动作出贡献				
实践与创新	1. 实践内容和数学知识有效衔接				
	2. 善于合作，积极参与实践活动				
	3. 具有一定的创新意识				
分享与感悟	1. 展示自然亲切、仪表举止得体				
	2. 实践活动的收获、感悟				

参考文献

[1] 李广全，李尚志.数学（基础模块）上册［M］.北京：高等教育出版社，2009.

[2] 曹一鸣，程圹.数学（基础模块）上册［M］.北京：北京师范大学出版社，2009.

[3] 王应.数学（上册）［M］.北京：北京理工大学出版社，2011.

[4] 张景斌.数学（基础模块）上册（修订本）［M］.北京：语文出版社，2013.

[5] 高夯.现代数学与中学数学（第2版）［M］.北京：北京师范大学出版社，2018.

[6] 涂荣豹，宁连华，徐伯华.中学数学教学案例研究［M］.北京：北京师范大学出版社，2011.

[7] 吕保献.初等数学（第二版）上册［M］.北京：北京大学出版社，2013.

[8] 付桂森，刘学卫.数学（第一册）［M］.北京：高等教育出版社，2012.

[9] 人民教育出版社，课程教材研究所，中学数学教材实验研究组编著.普通高中课程标准实验教科书·数学必修3［M］.北京：人民教育出版社，2007.

[10] 王妍，齐敏.高端技术技能人才贯通培养项目中数学教学文化建设探究［M］.北京：北京邮电大学出版社，2017.